Lambacher Schweizer 6

Mathematik für Gymnasien

Ausgabe A

Arbeitsheft

herausgegeben von Matthias Janssen

erarbeitet von
Petra Hillebrand, Matthias Janssen, Klaus-Peter Jungmann,
Karen Kaps, Tanja Sawatzki, Uwe Schumacher, Colette Simon

Ernst Klett Verlag
Stuttgart · Leipzig

Liebe Schülerinnen und Schüler,

auf dieser Seite stellen wir euch euer Arbeitsheft für die 6. Klasse vor.

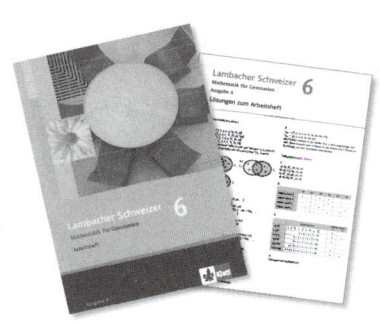

Die Kapitel und das Lösungsheft

In den einzelnen Kapiteln des Arbeitshefts werden alle Themen aus eurem Mathematikunterricht behandelt. Wir haben viele schöne und abwechslungsreiche Aufgaben zusammengestellt, die euch beim Lernen weiterhelfen. Alle Lösungen zu den Aufgaben stehen im Lösungsheft, das in der Mitte eingeheftet ist und sich leicht herausnehmen lässt.

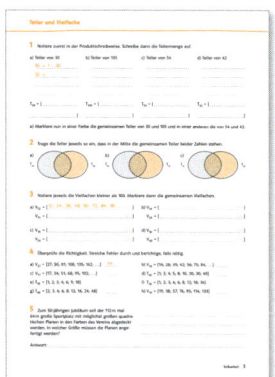

Übungsblätter

Zu allen wichtigen Bereichen der 6. Klasse findet ihr hier viele verschiedene Übungen. Damit ihr seht, wie eine Aufgabe gemeint ist, haben wir oft schon einen Aufgabenteil gelöst (orange Schreibschrift). Eure Antworten schreibt ihr auf die vorgegebenen Linien _____ oder in die farbigen Kästchen ▮ . Manchmal braucht ihr einen Zettel für Nebenrechnungen.

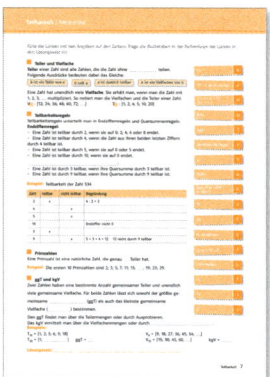

Merkzettel findet ihr immer am Kapitelende. Dort stehen alle wichtigen Regeln und Begriffe, die das Kapitel enthält. Auch diese Blätter sollt ihr bearbeiten, das hilft euch, euch die Begriffe besser einzuprägen. Die Merkzettel könnt ihr auch später zum Nachschlagen verwenden.

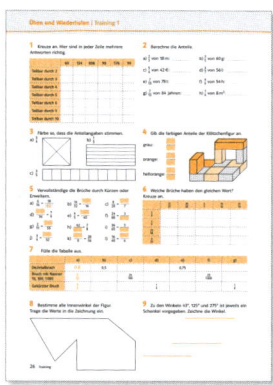

Training: Üben und Wiederholen. Die drei Trainingseinheiten im Heft wiederholen den neuen und auch den schon etwas älteren Stoff. Hier findet ihr Aufgaben zu allen davor liegenden Kapiteln.

Tipp: Schlagt in den Merkzetteln der vorigen Kapitel nach, wenn ihr etwas nicht mehr wisst.

Der Wissensspeicher und das Register

Wisst ihr nicht, was ein Begriff bedeutet? Oder sucht ihr Übungen zu einem bestimmten Thema? Hier hilft das Register auf der letzten Seite. Alle mathematischen Begriffe der 6. Klasse könnt ihr dort nachschlagen. Von dort werdet ihr auf die Seite verwiesen, auf der ihr eine Erklärung des Begriffs findet.
Probiert es am besten gleich aus: Auf welcher Seite wird „Verschiebung" erklärt? _____

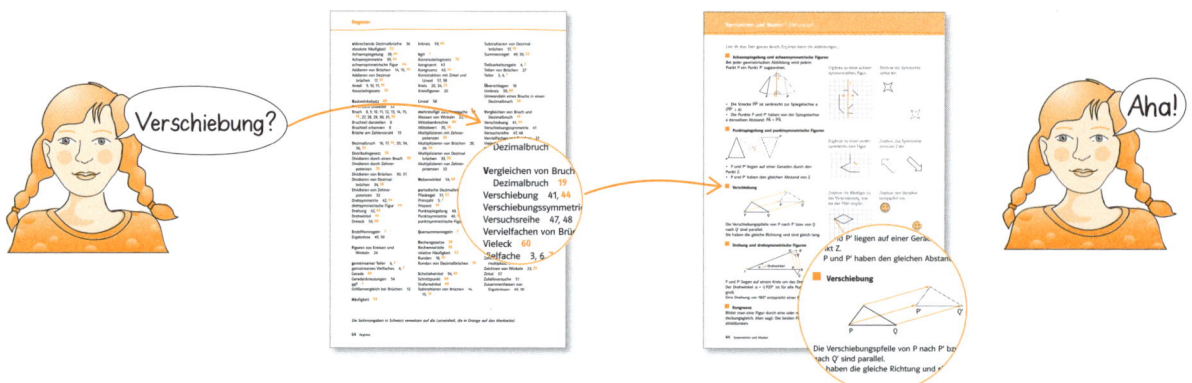

Nun kann es losgehen. Wir wünschen euch viel Spaß und Erfolg beim Lösen der Aufgaben.

Euer Autorenteam

Teiler und Vielfache

1 Notiere zuerst in der Produktschreibweise. Schreibe dann die Teilermenge auf.

a) Teiler von 30

$30 = 1 \cdot 30$

$30 = $ _____

_____

_____

$T_{30} = \{$ _____

_____ $\}$

b) Teiler von 105

_____

_____

_____

_____

$T_{105} = \{$ _____

_____ $\}$

c) Teiler von 54

_____

_____

_____

_____

$T_{54} = \{$ _____

_____ $\}$

d) Teiler von 42

_____

_____

_____

_____

$T_{42} = \{$ _____

_____ $\}$

e) Markiere nun in einer Farbe die gemeinsamen Teiler von 30 und 105 und in einer anderen die von 54 und 42.

2 Trage die Teiler jeweils so ein, dass in der Mitte die gemeinsamen Teiler beider Zahlen stehen.

a)

T_{12} 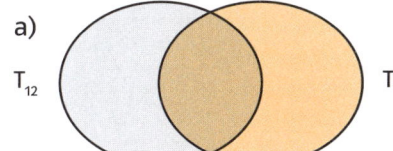 T_{20}

b)

T_{15} 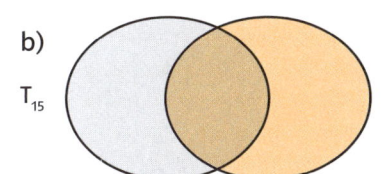 T_{27}

c)

T_{14} 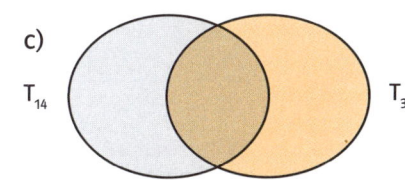 T_{33}

3 Notiere jeweils die Vielfachen kleiner als 100. Markiere dann die gemeinsamen Vielfachen.

a) $V_{12} = \{$ 12; 24; 36; 48; 60; 72; 84; 96; ... $\}$

$V_{15} = \{$ _____ ; ... $\}$

b) $V_{14} = \{$ _____ ; ... $\}$

$V_{20} = \{$ _____ ; ... $\}$

c) $V_{18} = \{$ _____ ; ... $\}$

$V_{24} = \{$ _____ ; ... $\}$

d) $V_{16} = \{$ _____ ; ... $\}$

$V_{48} = \{$ _____ ; ... $\}$

4 Überprüfe die Richtigkeit. Streiche Fehler durch und berichtige, falls nötig.

a) $V_{27} = \{27; \cancel{56}; 81; 108; 135; 162; ...\}$ 54

b) $V_{14} = \{14; 28; 35; 42; 56; 70; 84; ...\}$ _____

c) $V_{17} = \{17; 34; 51; 68; 95; 102; ...\}$ _____

d) $T_{40} = \{1; 2; 4; 5; 8; 10; 20; 30; 40\}$ _____

e) $T_{18} = \{1; 2; 3; 4; 6; 9; 18\}$ _____

f) $T_{36} = \{1; 2; 3; 4; 6; 8; 12; 18; 36\}$ _____

g) $T_{48} = \{2; 3; 4; 6; 8; 12; 16; 24; 48\}$ _____

h) $V_{19} = \{19; 38; 57; 76; 95; 114; 133\}$ _____

5 Zum 50-jährigen Jubiläum soll der 112 m mal 64 m große Sportplatz mit möglichst großen quadratischen Planen in den Farben des Vereins abgedeckt werden. In welcher Größe müssen die Planen angefertigt werden?

_____

_____

_____

Antwort: _____

Teilbarkeitsregeln

1 Notiere jeweils die ersten fünf Zahlen zwischen 49 und 91, die durch

a) 2 teilbar sind: _____

b) 4 teilbar sind: _____

c) 5 teilbar sind: _____

d) 10 teilbar sind: _____

2 Kreuze an.

	46	60	115	94	107	55
teilbar durch 2						
teilbar durch 4						
teilbar durch 5						
teilbar durch 10						

3 Bearbeite wie im Beispiel.

	Quersumme	Teilbar durch 3?	Teilbar durch 9?
1434	1 + 4 + 3 + 4 = 12	Ja, denn 3 teilt 12.	Nein, denn 9 teilt nicht 12.
2637			
13245			
43748			
39672			
58467			

4 Markiere alle Zahlen, die durch 2, 3 oder 5 teilbar sind. Ordnest du diese Zahlen nach ihrer Größe, ergeben die angehängten Buchstaben das Lösungswort.

E | 35   O | 68   D | 27   A | 29   N | 51   S | 57   P | 63

U | 23   K | 55   B | 41   T | 85   G | 59   M | 77   R | 74

Lösungswort: __ __ __ __ __ __ __ __ __

5 Male alle Bereiche, die durch 6 oder 4 teilbar sind, mit Buntstift aus. Benutze zwei unterschiedliche Farben.

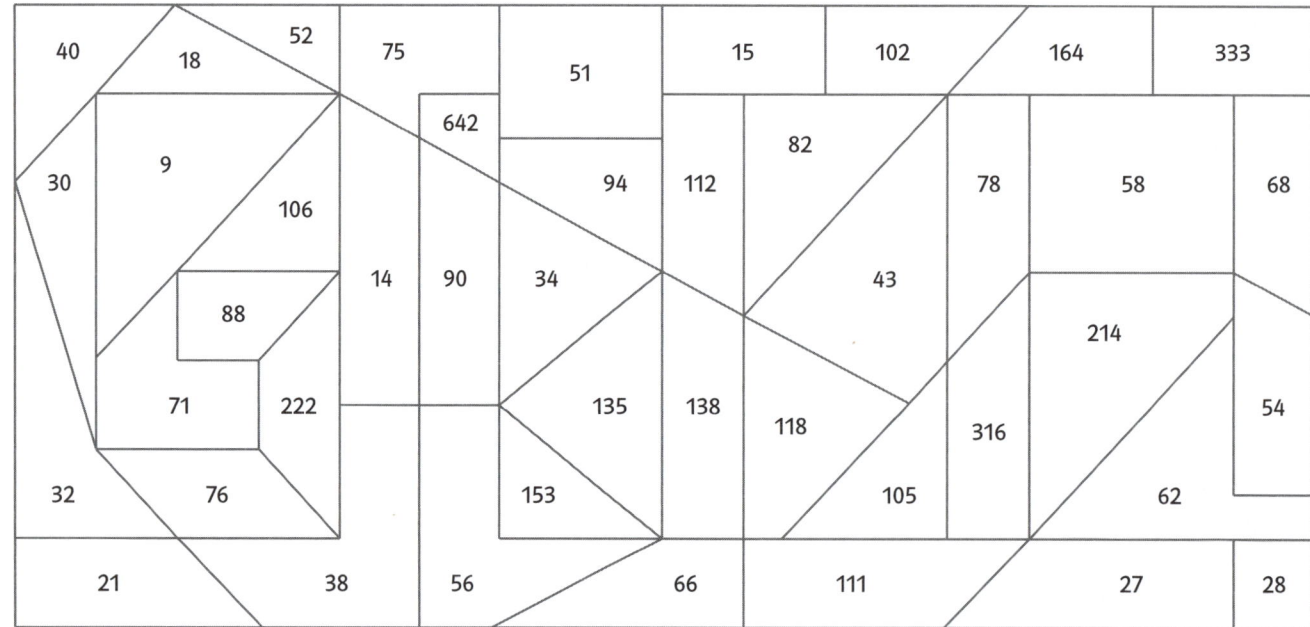

1 a) Streiche in dem Hunderterfeld:
– alle echten Vielfachen von 2
– alle echten Vielfachen von 3
– alle echten Vielfachen von 5
– alle echten Vielfachen von 7
– alle echten Vielfachen von 11

b) Umkreise anschließend alle Primzahlen.

c) Markiere dann vier aufeinander folgende Zahlen, die keine Primzahl sind.

1	2	3	4	5	6	7	8	9	10
11	12	13	14	15	16	17	18	19	20
21	22	23	24	25	26	27	28	29	30
31	32	33	34	35	36	37	38	39	40
41	42	43	44	45	46	47	48	49	50
51	52	53	54	55	56	57	58	59	60
61	62	63	64	65	66	67	68	69	70
71	72	73	74	75	76	77	78	79	80
81	82	83	84	85	86	87	88	89	90
91	92	93	94	95	96	97	98	99	100

2 Peter soll zu vorgegebenen Zahlen alle Teiler angeben. Streiche die Zahlen durch, die dort nicht hingehören.

Teiler von 36: 1 2 3 13 36

Teiler von 51: 1 3 17 51

Teiler von 102: 1 2 3 4 6 12 51 102

Teiler von 333: 1 3 9 11 33 57 111 333

Teiler von 512: 1 2 4 8 16 32 64 128 256 512

3 Setze jeweils in die Lücken Ziffern ein, sodass die entstehende Zahl durch die vorne stehende Zahl teilbar ist. Gesucht ist zum einen die kleinstmögliche Zahl, zum anderen die größtmögliche Zahl.

Teilbar durch	Kleinste Zahl	Größte Zahl
3	348▢8	348▢8
2	1200▢	1200▢
5	1▢005	1▢005
4	24▢4	24▢4
9	▢576	▢576

4 Suche alle Zahlen heraus, die durch 12 und 9 teilbar sind. Der Größe nach geordnet ergeben die Buchstaben den Namen eines berühmten Mathematikers.

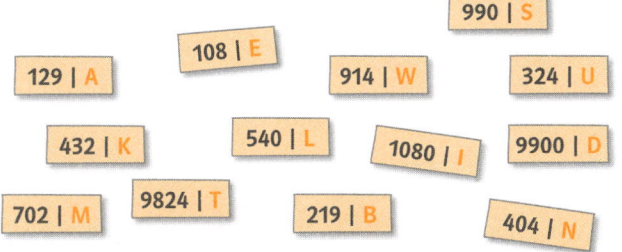

990 | S
108 | E
914 | W
324 | U
129 | A
432 | K
540 | L
1080 | I
9900 | D
702 | M
9824 | T
219 | B
404 | N

Der Mathematiker heißt __ __ __ __ __ .

5 Lena sagt: „Der Altersunterschied zwischen meinem kleinen Bruder und mir beträgt fünf Jahre. Sein Alter ist eine Primzahl, mein Alter ist ein Vielfaches von vier. In einem Jahr ist mein Alter eine Primzahl und sein Alter durch sechs teilbar."

Lena ist heute _____ Jahre alt,

ihr Bruder _____ Jahre.

Gemeinsame Teiler und gemeinsame Vielfache

1 Bestimme den größten gemeinsamen Teiler (ggT) und das kleinste gemeinsame Vielfache (kgV).

a) ggT (18, 24) = _____   b) ggT (28, 42) = _____   c) ggT (5, 27) = _____   d) ggT (21, 66) = _____

   kgV (18, 24) = _____   kgV (28, 42) = _____   kgV (5, 27) = _____   kgV (21, 66) = _____

2 Paul hat in jeder Spalte genau eine Zahl ausgetauscht. Finde und korrigiere die Fehler.

ggT	12	25	64	200
10	2	5	4	10
16	~~8~~ 4	2	16	8
24	12	1	8	48

kgV	12	25	36	140
5	50	25	180	140
28	84	700	252	280
60	60	600	180	700

3 Markiere jeweils zwei Zahlen, ihren ggT und ihr kgV in einer Farbe. Du erhältst drei Quartette, bei einem musst du die fehlende Zahl noch eintragen.

70   14   15   30   [ ]   36   35

3   9   5   12   10

4 Die Rechtecke sollen mit Quadraten genau ausgefüllt werden. Zeichne das größtmögliche Quadrat ein. Gib die Länge der Grundseite a an (in mm). Wie viele Quadrate werden benötigt, um die Fläche auszufüllen?

a) a = _____   _____ Stück   b) a = _____   _____ Stück   c) a = _____   _____ Stück

5 Trude Strauß, Harry Huhn und Benno Fasan gehen spazieren. Aufgrund ihrer Größe haben sie unterschiedliche Schrittlängen (Trude: 50 cm, Harry: 15 cm und Benno: 20 cm).

_____ muss also am schnellsten einen Fuß vor den anderen setzen. Folgt man den Spuren, sieht man, dass Trude und Harry nach _____ cm wieder nebeneinander aufgetreten sind, bei Harry und Benno geschieht das alle _____ cm. Alle drei treten nach _____ cm wieder nebeneinander auf.

Trude hat dann _____ Schritte zurückgelegt, bei Harry waren es _____ und bei Benno _____.

6 Louise hat Clowngesichter auf drei Zahnräder geklebt.

Die Zahnräder haben 54, 90 und 135 Zähne. Der linke

Clown muss sich _____ mal drehen, bis sich alle drei

Clowns wieder in der Ausgangsposition befinden.

Fülle die Lücken mit den Angaben auf den Zetteln. Trage die Buchstaben in der Reihenfolge der Lücken in den Lösungssatz ein.

■ Teiler und Vielfache

Teiler einer Zahl sind alle Zahlen, die die Zahl ohne _____ teilen.
Folgende Ausdrücke bedeuten dabei das Gleiche:

| b ist ein Teiler von a | b teilt a | a ist durch b teilbar | a ist ein Vielfaches von b |

Eine Zahl hat unendlich viele **Vielfache**. Sie erhält man, wenn man die Zahl mit 1; 2; 3; … multipliziert. So notiert man die Vielfachen und die Teiler einer Zahl:

$V_\blacksquare$: {12; 24; 36; 48; 60; 72; …} $T_\blacksquare$: {1; 2; 4; 5; 10; 20}

■ Teilbarkeitsregeln

Teilbarkeitsregeln unterteilt man in Endziffernregeln und Quersummenregeln.
Endziffernregel:
– Eine Zahl ist teilbar durch 2, wenn sie auf 0; 2; 4; 6 oder 8 endet.
– Eine Zahl ist teilbar durch 4, wenn die Zahl aus ihren beiden letzten Ziffern durch 4 teilbar ist.
– Eine Zahl ist teilbar durch 5, wenn sie auf 0 oder 5 endet.
– Eine Zahl ist teilbar durch 10, wenn sie auf 0 endet.

_____:
– Eine Zahl ist durch 3 teilbar, wenn ihre Quersumme durch 3 teilbar ist.
– Eine Zahl ist durch 9 teilbar, wenn ihre Quersumme durch 9 teilbar ist.

Beispiel: Teilbarkeit der Zahl 534

Zahl	teilbar	nicht teilbar	Begründung
2	x		4 : 2 = 2
4		x	
5		x	
10			Endziffer nicht 0
3	x		
9		x	5 + 3 + 4 = 12 12 nicht durch 9 teilbar

■ Primzahlen

Eine Primzahl ist eine natürliche Zahl, die genau ___ Teiler hat.

Beispiel: Die ersten 10 Primzahlen sind 2; 3; 5; 7; 11; 13; ___; 19; 23; 29.

■ ggT und kgV

Zwei Zahlen haben eine bestimmte Anzahl gemeinsamer Teiler und unendlich

viele gemeinsame Vielfache. Für beide Zahlen lässt sich sowohl der größte ge-

meinsame _____ (ggT) als auch das kleinste gemeinsame

Vielfache (_____) bestimmen.

Den ggT findet man über die Teilermengen oder durch Ausprobieren.
Das kgV ermittelt man über die Vielfachenmengen oder durch_____ .

Beispiele:

T_{18} = {1; 2; 3; 6; 9; 18} V_9 = {9; 18; 27; 36; 45; 54; …}

T_{20} = {1; _____ }   ggT = ___ V_{15} = {15; 30; 45, 60; …}   kgV = _____

Lösungssatz: __ __ __   __ __ __ __ __ __ __   __ __ __ __ __ __ .

Zettel:
45	N
34 : 4 nicht teilbar	R
5 + 3 + 4 = 12 12 : 3 = 4	N
Rest	M
kgV	T
Quersummenregel	F
2	D
Teiler	N
Endziffer nicht 0 oder 5	E
17	E
20	T
Ausprobieren	E
2; 4; 5; 10; 20	I
nicht teilbar	U
15	E
12	I
2	L

Bruchteile erkennen und darstellen

1 Schreibe die Anteile, die hier markiert wurden, als Bruch.

 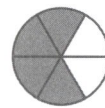 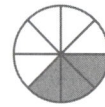 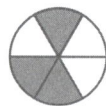 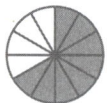  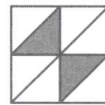 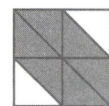

_____ _____ _____

2 Färbe jeweils $\frac{3}{8}$ der Figuren rot.

a)

b)

c)

d)

e)

f)

3 Welche Anteile werden in den Figuren durch die gefärbten Würfel dargestellt? Schreibe den Bruch zu der Zeichnung.

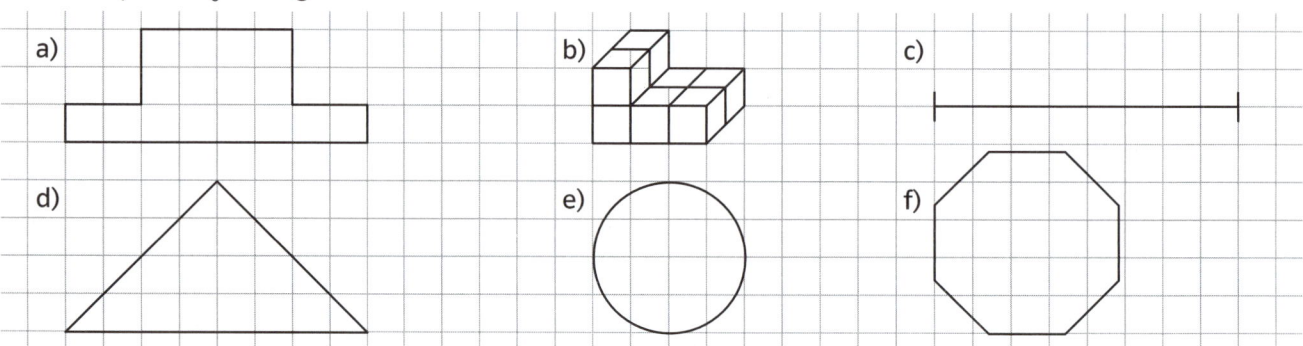

$\frac{2}{10}$ $\frac{3}{10}$ $\frac{1}{7}$ $\frac{6}{8}$ $\frac{2}{14}$ $\frac{8}{12}$

a) b) c) d)

e) f) g) h)

4 Ein Kuchen wird in gleich große Stücke zerteilt. Petra bekommt ein Stück, Claas nimmt sich zwei, Ludger nimmt sich drei Stücke, Lara doppelt so viele wie Claas und Sören eins weniger als Ludger. Teile den Kuchen so auf, dass deutlich wird, wer welchen Anteil bekommen hat.

a) Es sind insgesamt _____ Stücke.

b) Gib die Anteile für jedes Kind als Bruch an.

Anteil von Petra: _____

Anteil von Claas: _____

Anteil von Ludger: _____

Anteil von Lara: _____

Anteil von Sören: _____

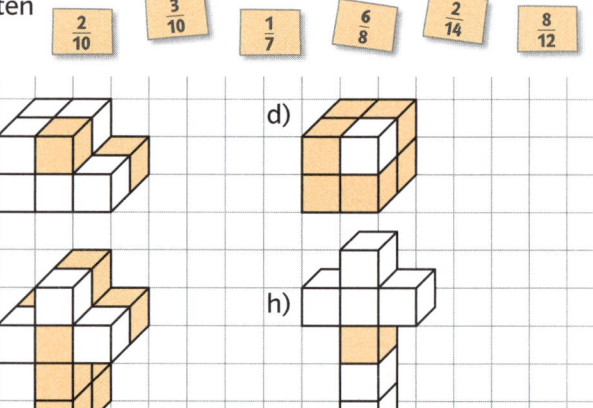

5 a) Klara macht eine Pause beim Rasenmähen. Welchen Anteil der Rasenfläche hat sie bereits

gemäht? _____

b) Welchen Anteil hat der Rasen an der Gesamt-

fläche des Gartens? _____

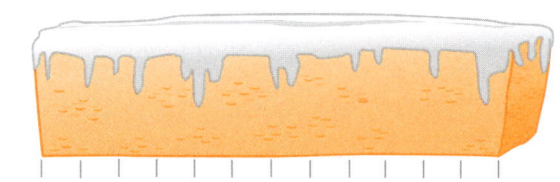
gemähtes Gras

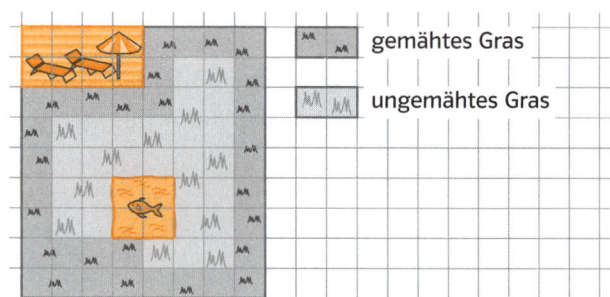
ungemähtes Gras

Brüche und Anteile (1)

1 Färbe den Anteil des Ganzen und benenne den Anteil und den Rest.

a) Ein Viertel von
2 m Leiste

b) Ein Achtel von
1 l Saft

c) Ein Fünftel einer 1 m²
großen Tischplatte

d) Ein Drittel von
1 kg Zucker

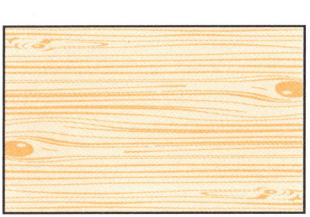

_____   _____   _____   _____

2 In der Sprache tauchen häufig Brüche auf. Ordne die Angaben den Sätzen zu.

> **❶** Das Wasser ist nur ei-
> nen halben Meter tief.
> _____

> **❷** Du bist eine Viertel
> Stunde zu spät.
> _____

> **❸** Von 3 kg Kirschen wa-
> ren ein Drittel schlecht.
> _____

> **❹** Bitte ein halbes
> Kilogramm Hackfleisch.
> _____

> **❺** Wir haben 28 Kinder
> in der Klasse, die Hälfte
> sind Jungen.
> _____

> **❻** Morgen komme ich
> eine halbe Stunde später.
> _____

> **❼** Wir hatten einen hal-
> ben Dezimeter hoch das
> Wasser im Keller stehen.
> _____

> **❽** In der Mannschaft spie-
> len 15 Kinder, ein Drittel
> ist noch 10 Jahre alt.
> _____

`1 kg`   `200 g`   `50 cm`   `15 min`   `14 Kinder`   `500 g`   `30 min`   `5 Kinder`   `5 cm`

Welche Angabe bleibt übrig? _____

Bilde dazu eine eigene Aussage: _____

3 Bei Lebensmitteln werden Zutaten meistens nicht als Brüche angegeben. Schreibe die Angaben um.

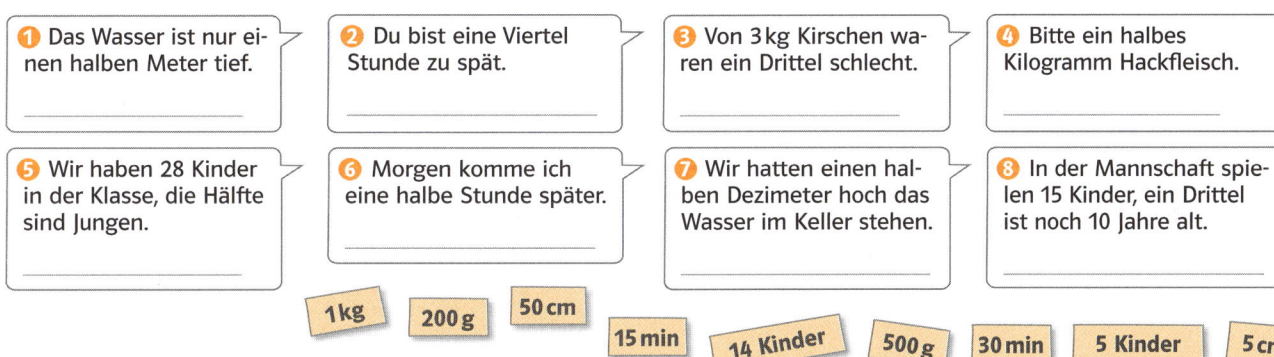

a) **100 g Käse**
$\frac{3}{10}$ Fett
$\frac{1}{4}$ Kuhmilch
$\frac{1}{5}$ Ziegenmilch

b) **200 g Äpfel**
$\frac{1}{20}$ Zucker
$\frac{17}{20}$ Wasser
$\frac{1}{200}$ Mineralstoffe

c) **450 g Salami**
$\frac{1}{3}$ Schweinefleisch
$\frac{2}{9}$ Rindfleisch
$\frac{3}{10}$ Speck

d) **300 g Chips**
$\frac{1}{2}$ Kohlenhydrate
$\frac{7}{20}$ Fett
$\frac{3}{50}$ Eiweiß

_____   _____   _____   _____

_____   _____   _____   _____

_____   _____   _____   _____

4 Ordne jeder Größe das passende Kärtchen zu. Am Ende erhältst du ein englisches Sprichwort.

Aufgabe	Lösung	Lösungswort
$\frac{2}{5}$ von 40 kg	16 kg	An
$\frac{1}{4}$ von 2 km		
$\frac{1}{3}$ von einer Stunde		
$\frac{7}{8}$ von 100 €		
$\frac{1}{100}$ von 3 m²		
$\frac{1}{4}$ von einem Hektar		
$\frac{4}{5}$ von 1 Liter		
$\frac{1}{40}$ von 2 €		

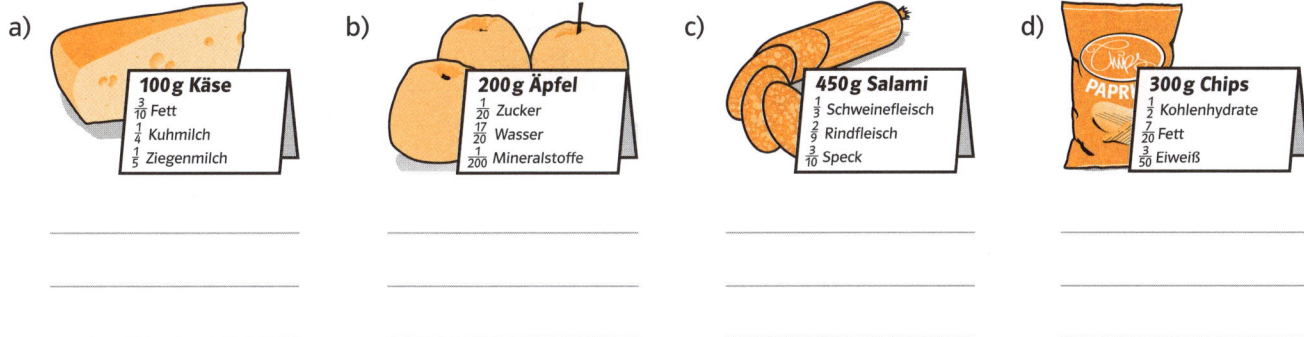

`5 ct | away`   `10 ct | teacher`   `20 min | a`
`800 ml | doctor`   `30 cm² | house`   `25 min | banana`
`3 dm² | keeps`   `25 a | the`   `87,50 € | day`
`82,50 € | ship`   `500 m | apple`   `500 m | apple`
`16 kg | An`

Sprichwort: _____

_____

1 Fast immer, wenn Frau Baldur mit ihrem Mann Kaffee trinken will, kommt unerwarteter Besuch. „Da bleibt uns nichts anderes übrig, als den Kuchen zu erweitern", sagt Frau Baldur, die Mathematikerin, und greift zum Messer.

a) Montag sind sie statt zwei sechs Personen.

b) Am Mittwoch kommen die Kinder Max und Moritz dazu.

c) Am Donnerstag kommen acht Personen dazu.

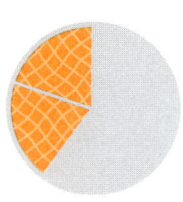

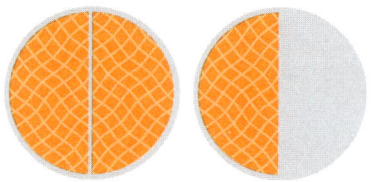

Frau Baldur sagt: „Da machen wir aus $\frac{2}{3}$ einfach $\frac{6}{}$ und schon reicht der Kuchen."

„Da wird aus $\frac{2}{5}$ mit wenigen Schnitten $\frac{}{}$ und schon haben wir genug Kuchen für alle."

„Gut, dass mehr Kuchen im Haus ist, mit dem Messer werden aus $\frac{3}{2}$ schnell $\frac{}{}$."

2 Setze die Pflastersteine ein und du erfährst, welche Terrasse gepflastert wird.

$\frac{2}{3} = \frac{\square}{9} = \frac{18}{\square}$ $\frac{6}{8} = \frac{\square}{4} = \frac{9}{\square}$ $\frac{3}{8} = \frac{\square}{40} = \frac{\square}{24}$ $\frac{12}{144} = \frac{\square}{12} = \frac{13}{\square}$

| I | 1 | P | 6 | E | 15 | A | 156 | Z | 3 | K | 8 | Z | 12 | I | 27 | R | 9 |

Lösungswort: __ __ __ __ __ __ __ __

3 Färbe jeweils in der anderen Figur den gleichen Anteil ein und schreibe den gefärbten Anteil dazu.

a)   b)   c)   d)

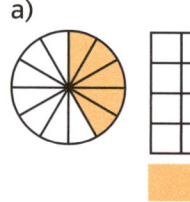

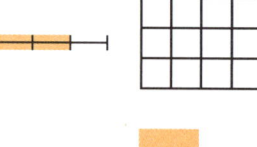
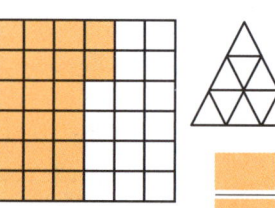
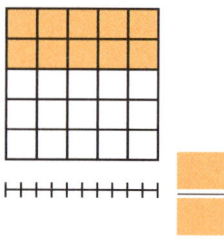

4 Hartwig hat das Erweitern und das Kürzen nicht richtig verstanden, hier sind seine Ergebnisse. Hilf ihm.

a) Erweitere mit 4:

b) Kürze möglichst weit:

c) Wandle um, dass im Nenner 16 steht:

d) Wandle um, dass im Zähler 12 steht:

$\frac{1}{4} \cdot \frac{4}{4} = \frac{4}{8} = \frac{1}{2}$

$\frac{30}{150} = \frac{3}{15}$

$\frac{4}{32} = \frac{2}{16}$

$\frac{36}{48} = \frac{12}{24}$

$\frac{3}{7} \cdot \frac{4}{4} = \frac{3 \cdot 4}{7 \cdot 4} = \frac{12}{28}$

$\frac{3}{29} = \frac{3}{29}$

$\frac{3}{8} = \frac{6}{16}$

$\frac{4}{15} = \frac{16}{27}$

5 In welcher Teilaufgabe lassen sich die meisten Brüche kürzen? Unterstreiche Brüche, die du kürzen kannst.

a) $\frac{8}{12}$; $\frac{12}{14}$; $\frac{7}{16}$; $\frac{21}{25}$; $\frac{9}{15}$; $\frac{10}{21}$

b) $\frac{12}{19}$; $\frac{9}{12}$; $\frac{20}{30}$; $\frac{27}{18}$; $\frac{15}{35}$; $\frac{13}{26}$

c) $\frac{15}{25}$; $\frac{11}{32}$; $\frac{19}{27}$; $\frac{40}{36}$; $\frac{49}{32}$; $\frac{38}{18}$

d) $\frac{3}{75}$; $\frac{3}{74}$; $\frac{3}{73}$; $\frac{7}{72}$; $\frac{3}{71}$; $\frac{8}{70}$

In Teilaufgabe _____ sind die meisten kürzbaren Brüche.

6 Laurence und Valerie gehen in verschiedene siebte Klassen. Sie vergleichen ihre Mathematikarbeiten. Laurence sagt: „Ich bin besser, ich habe mehr Punkte." Valerie sagt: „Mein Punkteverhältnis ist besser."

Was meinst du? _____

Laurence
24 von 30

Valerie
16 von 20

Brüche und Anteile (3)

1 Ergänze die Brüche. Entnimm anschließend aus der unten stehenden Liste die Koordinaten anhand der eingesetzten Zahlen und verbinde die Punkte im Koordinatensystem in der Reihenfolge der Aufgaben.

a) $\frac{5}{6} = \frac{20}{24}$

b) $\frac{8}{14} = \frac{\boxed{}}{7}$

c) $\frac{12}{36} = \frac{\boxed{}}{9}$

d) $\frac{4}{7} = \frac{\boxed{}}{56}$

e) $\frac{42}{\boxed{}} = \frac{7}{9}$

f) $\frac{30}{40} = \frac{6}{\boxed{}}$

g) $\frac{5}{8} = \frac{\boxed{}}{40}$

h) $\frac{\boxed{}}{9} = \frac{35}{63}$

i) $\frac{18}{54} = \frac{\boxed{}}{6}$

j) $\frac{\boxed{}}{33} = \frac{7}{11}$

k) $\frac{3}{7} = \frac{\boxed{}}{63}$

l) $\frac{18}{66} = \frac{3}{\boxed{}}$

m) $\frac{7}{12} = \frac{70}{\boxed{}}$

n) $\frac{56}{96} = \frac{\boxed{}}{12}$

o) $\frac{9}{\boxed{}} = \frac{45}{50}$

p) $\frac{5}{9} = \frac{\boxed{}}{27}$

q) $\frac{3}{11} = \frac{21}{\boxed{}}$

r) $\frac{45}{60} = \frac{15}{\boxed{}}$

	A	B	C	D	E	F	G	H	I	J	K	L	M	
1	·	·	·	·	·	·	·	·	·	·	·	·	·	1
2	·	·	·	·	·	·	·	·	·	·	·	·	·	2
3	·	·	·	·	·	·	·	·	·	·	·	·	·	3
4	·	·	·	·	·	·	·	·	·	·	·	·	·	4
5	·	·	·	·	·	·	·	·	·	·	·	·	·	5
6	·	·	·	·	·	·	·	·	·	·	·	·	·	6
7	·	·	·	·	·	·	·	·	·	·	·	·	·	7
8	·	·	·	·	·	·	·	·	·	·	·	·	·	8
9	·	·	·	·	·	·	·	·	·	·	·	·	·	9
10	·	·	·	·	·	·	·	·	·	·	·	·	·	10
11	·	·	·	·	·	·	·	·	·	·	·	·	·	11
12	·	·	·	×	·	·	·	·	·	·	·	·	·	12
	A	B	C	D	E	F	G	H	I	J	K	L	M	

Koordinaten:

2	3	4	5	7	8	10	11	15	20	21	24	25	27	32	54	77	120
D8	L10	J12	E6	B4	J6	D4	C1	A9	D12	F3	D12	G5	E1	M7	K9	B11	A3

2 Prüfe nach, ob die beiden Brüche gleichwertig sind, und setze dementsprechend ein: = oder ≠ .

a) $\frac{2}{5}$ ☐ $\frac{6}{15}$

b) $\frac{5}{6}$ ☐ $\frac{30}{42}$

c) $\frac{3}{4}$ ☐ $\frac{18}{24}$

d) $\frac{9}{21}$ ☐ $\frac{3}{7}$

e) $\frac{3}{2}$ ☐ $\frac{21}{14}$

f) $\frac{2}{3}$ ☐ $\frac{4}{9}$

g) $\frac{4}{17}$ ☐ $\frac{3}{12}$

h) $\frac{8}{12}$ ☐ $\frac{6}{9}$

3 Erweitere beide Brüche auf denselben Nenner.

a) $\frac{2}{5} = \frac{\boxed{}}{30}$

$\frac{1}{6} = \frac{\boxed{}}{30}$

b) $\frac{1}{4} = \frac{\boxed{}}{36}$

$\frac{7}{9} = \frac{\boxed{}}{36}$

c) $\frac{3}{8} = \frac{\boxed{}}{56}$

$\frac{5}{7} = \frac{\boxed{}}{56}$

d) $\frac{2}{3} = \frac{\boxed{}}{\boxed{}}$

$\frac{3}{4} = \frac{\boxed{}}{\boxed{}}$

e) $\frac{2}{5} = \frac{\boxed{}}{\boxed{}}$

$\frac{1}{3} = \frac{\boxed{}}{\boxed{}}$

f) $\frac{2}{4} = \frac{\boxed{}}{\boxed{}}$

$\frac{5}{6} = \frac{\boxed{}}{\boxed{}}$

4 Kürze so weit wie möglich, wenn nötig auch in mehreren Schritten wie im Beispiel.

a) $\frac{18}{24} = \frac{3}{4}$ oder $\frac{18}{24} = \frac{9}{12} = \frac{3}{4}$

b) $\frac{18}{30} = $ _____

c) $\frac{9}{24} = $ _____

d) $\frac{16}{36} = $ _____

e) $\frac{15}{75} = $ _____

f) $\frac{56}{64} = $ _____

g) $\frac{42}{120} = $ _____

h) $\frac{84}{105} = $ _____

i) $\frac{15}{33} = $ _____

5 Welche Brüche lassen sich nicht kürzen? Die Buchstaben ergeben nach der Größe der Nenner sortiert ein Lösungswort.

G | $\frac{2}{3}$ L | $\frac{4}{5}$ A | $\frac{8}{18}$ C | $\frac{10}{21}$ N | $\frac{15}{27}$ G | $\frac{28}{75}$ M | $\frac{9}{24}$

E | $\frac{5}{9}$ K | $\frac{14}{21}$ U | $\frac{6}{33}$ H | $\frac{9}{22}$ E | $\frac{8}{27}$ B | $\frac{12}{45}$ T | $\frac{21}{38}$

S | $\frac{13}{39}$ W | $\frac{15}{26}$ I | $\frac{6}{11}$ I | $\frac{39}{71}$ F | $\frac{34}{51}$ O | $\frac{33}{42}$ R | $\frac{13}{31}$

Lösungswort: _____

6 Jan, Torge, Jelto und Feemke würden gern Eis essen, aber keiner möchte zum Einkaufen gehen. Jan hat abgebrannte Streichhölzer dabei und sagt: „Wer das kürzeste zieht, muss das Eis holen." Torges Streichholz hat noch $\frac{5}{6}$ seiner ursprünglichen Länge, Jeltos $\frac{2}{3}$, Feemkes $\frac{3}{4}$ und Jans $\frac{10}{12}$. Wer muss gehen, um das Eis zu besorgen? _____

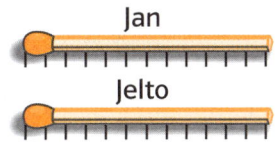
Jan

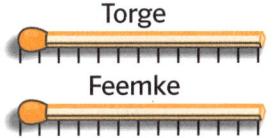
Torge

Jelto

Feemke

Größenvergleich bei Brüchen

1 Setze in die Lücke ein: < oder >.

a) $\frac{2}{5}$ ☐ 1

b) $\frac{5}{6}$ ☐ $\frac{1}{2}$

c) $\frac{1}{2}$ ☐ 0,25

d) 1 ☐ $\frac{3}{7}$

e) $\frac{3}{2}$ ☐ 1

f) $\frac{4}{9}$ ☐ $\frac{1}{2}$

g) 0,5 ☐ $\frac{9}{12}$

h) 1 ☐ $\frac{12}{11}$

2 Sortiere die gegebenen Zahlen nach der Größe.

a)

| 7,5 | 7,05 | 6,029 | 6,092 | 6,209 | 7,75 | 0,75 |

_____< _____

b) | 0,315 | 0,531 | 3,501 | 0,153 | 5,013 | 0,513 |

_____> _____

3 Notiere zuerst die beiden farbig dargestellten Anteile als Brüche und erweitere sie dann auf einen gleichen Nenner. Vergleiche anschließend die gleichnamigen Brüche und setze das Zeichen < oder > ein.

a)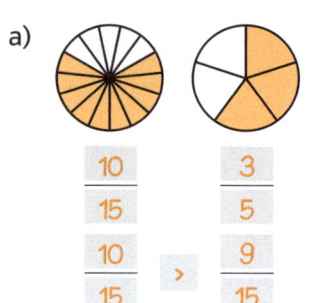

$\frac{10}{15}$ $\frac{3}{5}$

$\frac{10}{15}$ > $\frac{9}{15}$

b)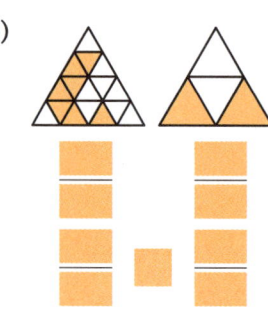

c)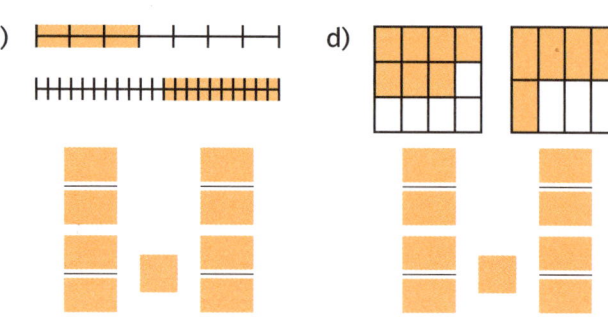

d)

4 Mache gleichnamig und setze <, = oder > ein.

a) $\frac{8}{12}$ und $\frac{2}{3}$: $\frac{8}{12}$ ☐ _____

b) $\frac{3}{5}$ und $\frac{14}{25}$: ☐ _____

c) $\frac{1}{3}$ und $\frac{1}{5}$: ☐ _____

d) $\frac{4}{7}$ und $\frac{3}{4}$: ☐ _____

e) $\frac{4}{9}$ und $\frac{1}{6}$: ☐ _____

f) $\frac{3}{8}$ und $\frac{5}{7}$: ☐ _____

5 Setze die gegebenen Zahlen an die passende Stelle.

| $\frac{8}{3}$ | 1,6 | $\frac{1}{3}$ | 0,83 | $\frac{9}{2}$ | $\frac{10}{7}$ |

a) $\frac{1}{2}$ < ☐ < 1

b) 0 < ☐ < 0,5

c) 2 < ☐ < 3

d) $\frac{3}{2}$ > ☐ > 1

e) $\frac{3}{2}$ < ☐ < 2

f) 5 > ☐ > 3

6 Sortiere die gegebenen Zahlen nach der Größe. Korrigiere die Fehler in b).

a)

| $\frac{1}{1}$ | $\frac{1}{2}$ | 0,375 | 70 % | $\frac{3}{4}$ | 0,4 | $\frac{9}{20}$ | $\frac{9}{40}$ |

_____< _____

b) $\frac{7}{24}$ < $\frac{1}{6}$ < $\frac{7}{12}$ < 0,5 < $\frac{2}{3}$ < $\frac{3}{8}$ < 0,75 < $\frac{1}{1}$

_____> _____

7 Auf Bild _A_ ist mit $\frac{4}{8}$ der Anteil der dunkelorangen Gummihäschen größer als auf Bild _C_ mit $\frac{}{}$. Der Anteil der hellorangen Gummihäschen ist mit $\frac{}{}$ auf Bild ___ am größten. Der Anteil der weißen Gummihäschen ist auf Bild ___ mit $\frac{}{}$ am geringsten und auf Bild ___ mit $\frac{}{}$ am größten. Der kleinste Anteil an hellorangen Gummihäschen ist mit $\frac{}{}$ auf Bild ___ zu erkennen. Der Anteil der _____ Gummihäschen ist mit $\frac{}{}$ auf Bild ___ und Bild ___ gleich groß. Hättest du lieber die Gummihäschen von Bild A, B oder C? _____

A

B

C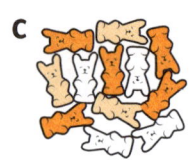

Brüche am Zahlenstrahl

1 Welchen Zahlenstrahl wählst du, um folgende Brüche darzustellen? Zeichne die angegebenen Brüche ein. Die Buchstaben hinter den Zahlenstrahlen ergeben ein Lösungswort.

a) Viertel; $\frac{2}{4}$ und $\frac{3}{4}$ _____

b) Achtel; $\frac{7}{8}$ und $\frac{3}{8}$ _____

c) Drittel; $\frac{1}{3}$ und $\frac{2}{3}$ _____

d) Halbe; $\frac{1}{2}$ und $\frac{2}{2}$ _____

e) Sechzehntel; $\frac{7}{16}$ und $\frac{8}{16}$ _____

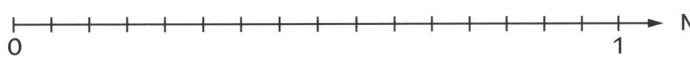

2 Stelle die angegebenen Brüche auf dem Zahlenstrahl dar. Dabei hilft dir dein Lineal.

a) $\frac{1}{2}$; $\frac{1}{4}$; $\frac{3}{8}$; $\frac{4}{8}$; $\frac{7}{8}$; $\frac{1}{8}$

b) $\frac{1}{2}$; $\frac{1}{3}$; $\frac{1}{6}$; $\frac{7}{6}$; $\frac{3}{3}$; $\frac{4}{3}$

c) $1\frac{1}{2}$; $\frac{3}{4}$; $\frac{7}{4}$; $\frac{4}{2}$; $\frac{1}{4}$; $\frac{6}{4}$

3 Auf welche Brüche zeigen die Pfeile? Beschrifte die Pfeile.

a)   b)   c)   d)

4 Sortiere alle genannten Brüche am Zahlenstrahl. An welcher Stelle des Zahlenstrahls stehen jeweils die meisten gleichwertigen Brüche?

a) $\frac{1}{3}$; $\frac{1}{2}$; $\frac{2}{6}$; $\frac{4}{6}$; $\frac{5}{6}$; $\frac{3}{6}$

b) $\frac{3}{4}$; $\frac{7}{8}$; $\frac{6}{8}$; $\frac{1}{4}$; $\frac{9}{12}$; $\frac{8}{12}$

c) $\frac{3}{3}$; $\frac{4}{3}$; $\frac{6}{6}$; $\frac{4}{3}$; 1; $\frac{2}{2}$

d) $\frac{2}{3}$; $\frac{4}{6}$; $\frac{1}{2}$; $\frac{1}{3}$; $\frac{5}{6}$; 1

Die meisten Einträge sind bei a) _____; b) _____; c) _____ und d) _____.

5 Lies den Text. Die Angaben sind ziemlich durcheinander geraten. Stelle die Angaben am Zahlenstrahl dar. Familie Puhler fährt mit dem Auto nach Frankreich in den Urlaub. Sie fahren mitten in der Nacht los. Nach $\frac{7}{8}$ der Strecke kaufen sie für das Abendessen ein. Nach einem Viertel der Strecke gehen sie frühstücken. Nach drei Achtel der Strecke muss der Hund mal. Nach drei Viertel der Strecke machen sie einen langen Spaziergang am Strand. Auf halbem Wege gehen sie Mittagessen. Nach $\frac{15}{16}$ der Strecke gehen sie tanken.

Zuhause   Urlaubsort

6 Auch der Abstand der Planeten zur Sonne kann auf einem Strahl dargestellt werden. Der am weitesten von der Sonne entfernte Planet ist der Pluto (seit August 2006 nur noch als Kleinplanet eingestuft). Zeichne die anderen Planeten auf dem Strahl ein.

Planet	Sonnenabstand im Verhältnis der Sonne zum Pluto
Venus	ein Fünfzigstel
Neptun	drei Viertel
Mars	vier Hundertstel
Erde	drei Hundertstel
Uranus	ein Halb
Saturn	ein Viertel
Jupiter	dreizehn Hundertstel
Merkur	ein Hundertstel

Sonne   Pluto

1 Markiere zuerst die Anteile. Notiere, wie groß der gefärbte Anteil insgesamt ist.

a) Fünf Achtel in Rot
und zwei Achtel in Blau.

Insgesamt sind

_____ gefärbt.

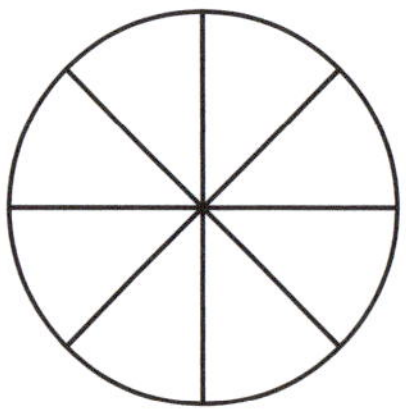

b) Sieben Zwölftel in Rot
und vier Zwölftel in Blau.

Insgesamt sind

_____ gefärbt.

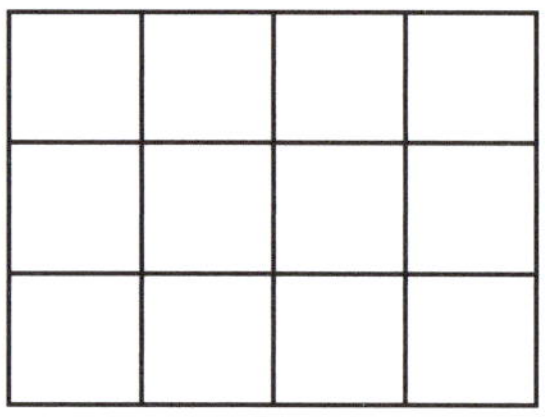

2 Berechne. Mache die Brüche dafür zuerst gleichnamig.

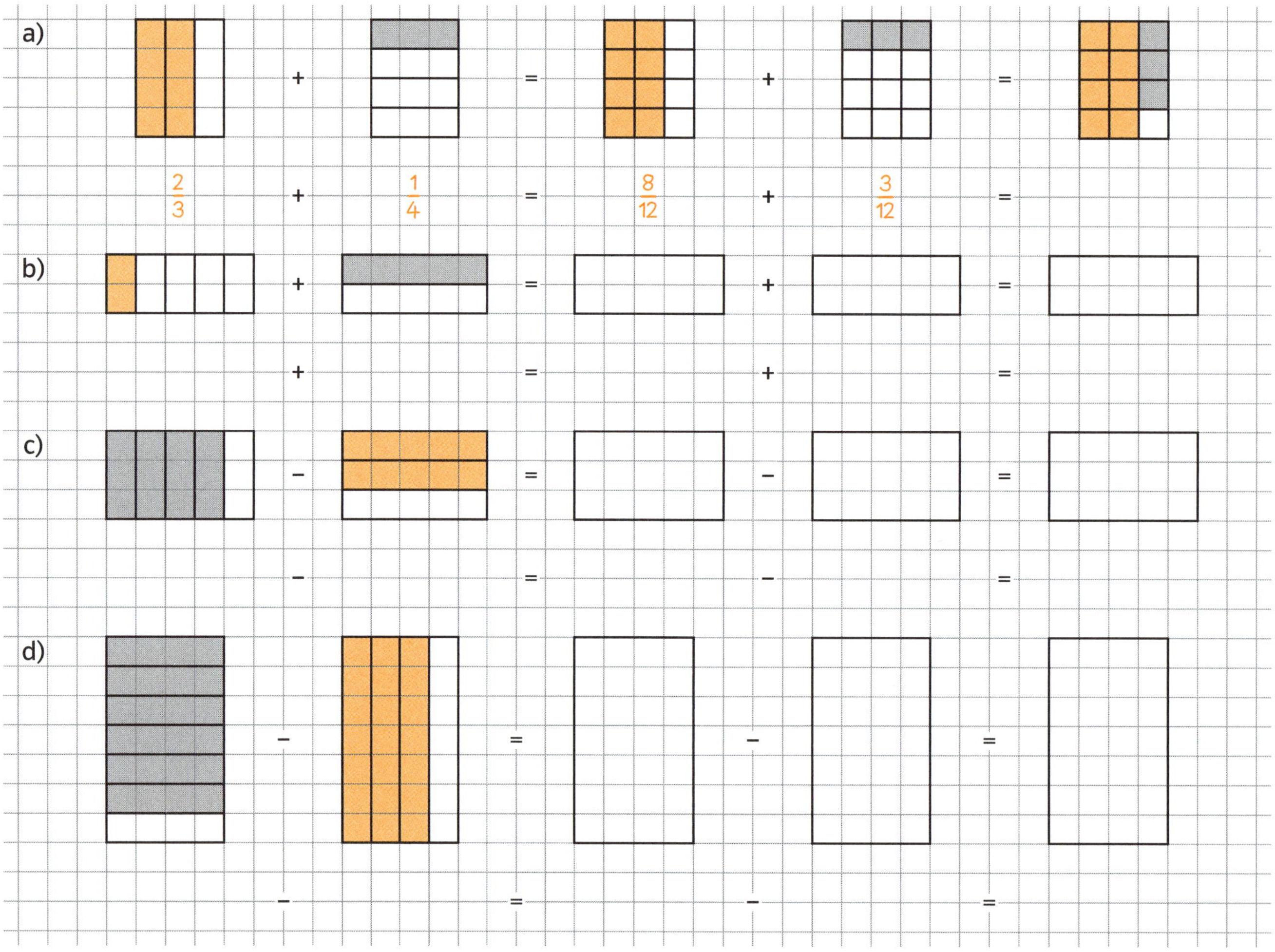

a) $\frac{2}{3}$ + $\frac{1}{4}$ = $\frac{8}{12}$ + $\frac{3}{12}$ =

b) ___ + ___ = ___ + ___ = ___

___ + ___ = ___ + ___ = ___

c) ___ − ___ = ___ − ___ = ___

___ − ___ = ___ − ___ = ___

d) ___ − ___ = ___ − ___ = ___

___ − ___ = ___ − ___ = ___

3 Berechne und wandle das Ergebnis, wenn möglich, in eine gemischte Zahl um. Wenn du hinter jedem Ergebnis den Lösungsbuchstaben notierst, ergeben sich von oben nach unten gelesen zwei Hauptstädte.

a) $\frac{3}{5} + \frac{3}{10} =$ _____

b) $\frac{5}{8} + \frac{3}{16} =$ _____

c) $\frac{3}{4} - \frac{1}{6} =$ _____

d) $\frac{3}{5} - \frac{1}{3} =$ _____

e) $\frac{1}{2} + \frac{5}{6} =$ _____

f) $\frac{3}{4} - \frac{2}{5} =$ _____

g) $\frac{5}{6} + \frac{4}{5} =$ _____

h) $\frac{4}{5} - \frac{4}{7} =$ _____

i) $\frac{6}{7} - \frac{1}{4} =$ _____

j) $\frac{5}{8} + \frac{3}{5} =$ _____

 P | $\frac{13}{16}$ E | $1\frac{19}{30}$ R | $\frac{7}{20}$ A | $\frac{9}{10}$ A | $\frac{4}{15}$ T | $\frac{7}{12}$ H | $1\frac{1}{3}$ N | $\frac{17}{28}$ I | $\frac{8}{35}$  S | $1\frac{9}{40}$

Addieren und Subtrahieren von Brüchen (2)

1 Ergänze die Rechenschlange. Notiere die Brüche vollständig gekürzt.

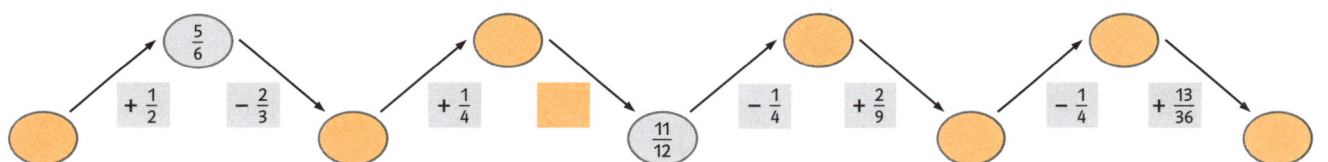

2 Markiere die richtigen (✓) und falschen Ergebnisse (f) und berechne diese richtig.

a) $\frac{1}{5} + \frac{2}{3} = \frac{13}{15}$ ▢ _____

b) $\frac{5}{9} + \frac{1}{6} = \frac{6}{15}$ ▢ _____

c) $\frac{8}{11} - \frac{1}{2} = \frac{7}{9}$ ▢ _____

d) $\frac{3}{8} - \frac{1}{4} = \frac{1}{8}$ ▢ _____

e) $\frac{1}{8} + \frac{2}{3} = \frac{19}{24}$ ▢ _____

f) $\frac{5}{6} - \frac{3}{5} = \frac{2}{30}$ ▢ _____

g) $\frac{4}{5} - \frac{2}{7} = \frac{18}{35}$ ▢ _____

h) $\frac{5}{7} + \frac{1}{4} = \frac{12}{28}$ ▢ _____

B | $\frac{17}{20}$ O | $\frac{13}{18}$ S | $\frac{5}{22}$
O | $\frac{27}{28}$ N | $\frac{3}{11}$
L | $\frac{7}{30}$ I | $\frac{7}{12}$ E | $\frac{3}{8}$

Als Lösung erhältst du eine

Hauptstadt: _____

3 Auf einem Vereinsfest sind an verschiedenen Ständen Pizzastücke übrig geblieben.

Stand 1  Stand 2  Stand 3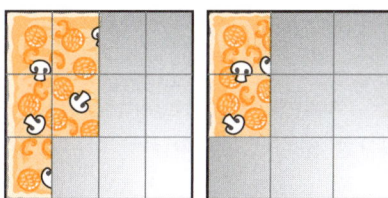

a) Wie viel Pizza ist an jedem Stand noch übrig?

Stand 1: _____   Stand 2: _____   Stand 3: _____

b) Welcher Stand hat am meisten Pizza übrig? _____ Welcher am wenigsten? _____

c) Stand 3 hat _____ Pizza weniger verkauft als Stand 2.

4 Berechne die Aufgaben. Kürze das Ergebnis so weit wie möglich. Jeder Bruch steht für einen Buchstaben, den die Tabelle angibt (Zähler: Spalten; Nenner: Zeilen).

a) $\frac{2}{3} + \frac{1}{4} =$ _____

b) $\frac{1}{8} + \frac{1}{24} =$ _____

c) $\frac{1}{6} + \frac{1}{4} =$ _____

d) $\frac{1}{2} - \frac{1}{3} =$ _____

e) $\frac{2}{5} - \frac{1}{60} =$ _____

f) $\frac{3}{4} - \frac{2}{3} =$ _____

g) $\frac{3}{5} + \frac{1}{6} =$ _____

h) $\frac{1}{2} - \frac{1}{9} =$ _____

i) $\frac{2}{3} - \frac{1}{4} =$ _____

j) $\frac{1}{5} + \frac{1}{6} =$ _____

k) $\frac{4}{5} - \frac{5}{12} =$ _____

l) $\frac{2}{15} - \frac{1}{60} =$ _____

m) $\frac{2}{9} + \frac{1}{18} =$ _____

Lösungswort: __ __ __ __ __ __ __ __ __ __ __ __ __

	1	5	7	11	23
6	E	M	H	B	I
12	M	H	N	G	K
18	R	T	C	E	L
30	A	S	O	R	S
60	P	U	F	D	I

1 Trage die Angaben in die Stellenwerttafel ein.

a) 4,50 €   15,75 €   4 € 5 ct   75 ct   25 € 25 ct

10 €	1 €	10 ct	1 ct

b) 200,5 kg   0,75 t   50 kg 50 g   75 g   2 g

100 kg	10 kg	1 kg	100 g	10 g	1 g

2 Schreibe die Sätze mit sinnvollen Angaben.

a) Juan wiegt 38 750 g und ist 1 350 mm groß. _____

b) Das Klassenzimmer ist 2 840 mm hoch. _____

c) Die neue Jeans kostet 4 599 ct. _____

d) Der Schulweg ist 525 000 cm lang. _____

e) Das Zimmer ist 425 cm lang und 0,003 km breit. _____

f) Elena läuft die 0,1 km in $\frac{1}{4}$ min. _____

3 Wandle die Prozentschreibweise in die Bruchschreibweise (gekürzter Bruch) um und umgekehrt.

a) 60 % = $\frac{3}{5}$

b) $\frac{2}{5}$ = _____

c) $\frac{17}{50}$ = _____

d) 70 % =

e) 44 % =

f) $\frac{13}{20}$ = _____

g) _____ = $\frac{12}{40}$

h) 9 % =

i) $\frac{84}{400}$ = _____

j) = 92 %

4 Wandle von der Bruchschreibweise in die Dezimalschreibweise um oder umgekehrt.

a) $\frac{4}{5}$ = _____

b) 0,7 =

c) 0,06 =

d) $\frac{12}{20}$ = _____

e) $\frac{4}{25}$ =

f) 0,38 =

g) 0,45 =

h) _____ = $\frac{35}{250}$

i) $\frac{3}{8}$ =

j) = 1,05

5 Gib den Anteil der gefärbten Fläche in Prozent und als Bruch an.

a) Bruch:

Prozent: _____

b) Bruch:

Prozent: _____

6 Notiere die Anteile als Bruch und in Prozent.

a) Jeder zweite Mensch ist weiblich.

Bruch: Prozent: _____

b) Insa hat 6 von 24 Schokoküssen gegessen.

Bruch: Prozent: _____

c) In dem Namen „Klett" sind ___ von ___ Buchstaben ein „t". Bruch: Prozent: _____

Addieren und Subtrahieren von Dezimalbrüchen

1 Suche Zahlenpaare, deren Summe oder Differenz eine natürliche Zahl ist. Notiere die Aufgabe mit der Lösung.

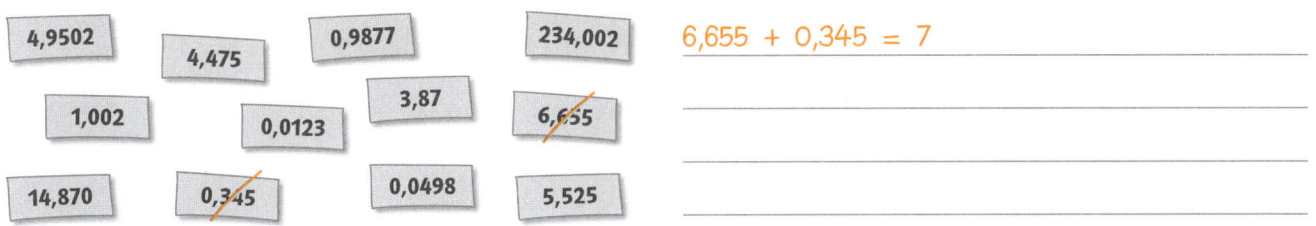

4,9502   4,475   0,9877   234,002

1,002   0,0123   3,87   6,655

14,870   0,345   0,0498   5,525

6,655 + 0,345 = 7

_____

_____

_____

2 Fülle die Zahlenhäuser aus.

a)

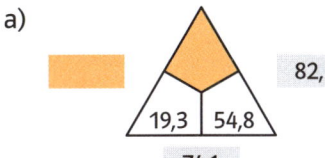

1	
0,25	+ 0,75
0,099	
0,1234	

b)

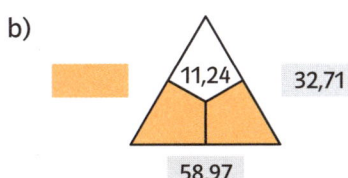

100	
87,23	
1,11	
0,099	

c)

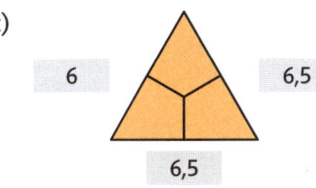

1000	
987,001	
568,769	
765,09	

3 Finde die Fehler. Schreibe die Rechnung dann korrekt daneben.

a)
```
      4 5 6, 0 9
  +     9, 0 1 3
  +           6
    1       1
    5 4, 6 2 8
```

b)
```
      9 8 2, 5 1
  −        2,   2
  −      1 3 4, 8
  −        2 9
      9 3 8, 0 1
```

4 Löse die Zauberdreiecke. Nebeneinander liegende Felder im Dreieck werden addiert.

a)

|____| 82,5

19,3 | 54,8

74,1

b)

|____| 11,24   32,71

58,97

c)

6   6,5

6,5

5 a) Hier siehst du die Wasseruhr von Familie Holten. Lies den jeweiligen Stand ab.

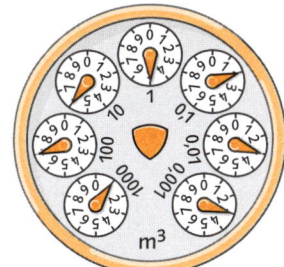 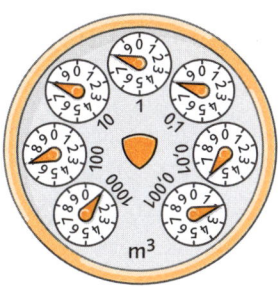 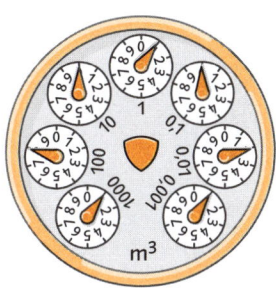 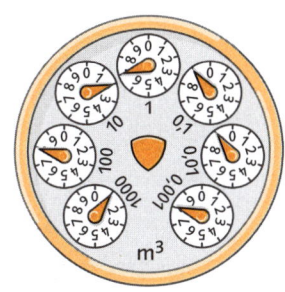

1. Januar : _____ m³   1. Februar : _____ m³   1. März : _____ m³   1. April : _____ m³

b) Familie Holten hat im Januar _____ m³ Wasser verbraucht.

c) In den ersten drei Monaten des Jahres hat sie _____ m³ verbraucht.

d) Im Monat _____ hat sie am meisten verbraucht.

e) Am Ende des Jahres wird die Wasseruhr vermutlich ca. _____ m³ anzeigen.

Runden und Überschlagen

1 Fülle die Tabelle aus.

Runde	62,235	0,091	23,887	50,005	9,991
auf die Einerstelle					
auf zwei Nachkommaziffern					
auf eine Nachkommaziffer					
auf Zehner					

2 Lars hat die Angaben auf die richtige Stelle gerundet. Trotzdem hat er dabei einige Fehler gemacht. Finde und verbessere sie.

a) 344,24 kg ≈ ~~345~~ kg   f   344 kg _____

b) 2 344,99 m ≈ 2 345 m ☐ _____

c) 126,9 € ≈ 126 € ☐ _____

d) 34,09 dm ≈ 34,0 dm ☐ _____

e) 3 994,9 ha ≈ 4 000 ha ☐ _____

f) 654,874 kg ≈ 654,88 kg ☐ _____

3 Hanno denkt sich Zahlen aus und rundet diese mit einer Stelle weniger. Gib jeweils die Zahlenbereiche an, in denen die Zahlen liegen können.

	kleinste mögliche Zahl	gerundete Zahl	größt- mögliche Zahl
a)	7,75	7,8	7,84
b)		8,9	
c)		123,37	
d)		99,99	
e)		12,005	

4 Ist es hier sinnvoll zu runden? Kreuze an.

Aussage	ja	nein
a) Die Entfernung von Berlin nach München beträgt 584,5 km.	○	○
b) Der Stundenlohn eines Malers beträgt 21,34 €.	○	○
c) Ein Fußballspiel dauert ohne Verlängerung 1,5 h.	○	○
d) Das Leergewicht eines Kleinwagens beträgt 815,9 kg.	○	○
e) Der Weltrekord für 100 m Sprint bei den Herren beträgt 9,77 s.	○	○

5 Sortiere die Städte ihrer Größe nach und runde die Einwohnerzahlen auf Millionen mit zwei Nachkommastellen.

Hamburg 1 734 830
Rostock 198 993
Berlin 3 387 828
Dortmund 588 680
Stuttgart 591 657
Kiel 233 329
München 1 249 176
Dresden 487 421
Köln 969 709
Leipzig 498 491

Rang	Stadt	Einwohner in Mio.
1	Berlin	3,39

Fülle die Lücken mit den Wörtern oder Zahlen auf den Zetteln. Trage die Buchstaben in der Reihenfolge der Lücken in den Lösungssatz ein.

■ Anteile als Prozent, Bruch, Dezimalzahl

Es gibt drei Schreibweisen einer rationalen Zahl.

Merke: $1\% = \frac{1}{100} = 0{,}01$

Ergänze die Tabelle.

Prozent	Bruch	Dezimalzahl
$\frac{50}{100} = 50\%$	$\frac{50}{100} = \frac{5}{10} = \frac{1}{2}$	$0{,}5$
	$\frac{1}{5}$	
80%		$0{,}8$

Zettel:
- Nenner — R
- 0,2 — I
- dividiert — U

$$\frac{3}{5} \Big\langle \begin{array}{l} \underline{\hspace{3cm}} \\ \underline{\hspace{3cm}} \end{array}$$

■ Brüche

Man verwendet Brüche, um Anteile oder Verhältnisse zu beschreiben.
Wenn man den Zähler und den Nenner eines Bruches

mit derselben Zahl _____, nennt

man dies Erweitern.

Wenn man den Zähler und den Nenner eines Bruches

durch dieselbe Zahl _____, nennt
man dies Kürzen.

Beispiele:

$$\frac{2}{3} = \frac{2 \cdot 2}{3 \cdot 2} = \frac{4}{6}$$

$$\frac{36}{48} = \frac{36 : 12}{48 : 12} = \frac{3}{4}$$

Zettel:
- Nenner — N
- $\frac{20}{100} = 20\%$ — M
- multipliziert — E
- gleichnamig — E
- größeren — D
- $\frac{80}{100} = \frac{8}{10} = \frac{4}{5}$ — T
- 5 — I
- 24,45 — N
- 229,555 — E
- Zähler — F
- 224,523 — T
- 24,5 — E
- 24 — L

■ Brüche und Dezimalbrüche vergleichen

Von zwei Brüchen mit gleichem Nenner ist der Bruch mit dem _____
Zähler der größere. Brüche mit verschiedenen Nennern kann man zuerst
gleichnamig machen.

Beispiel: $\frac{4}{5}$ ist größer als $\frac{2}{5}$, da $4 > 2$.
$0{,}4$ ist kleiner als $0{,}8$, da $4 < 8$

(Zahlenstrahl mit $\frac{2}{5}$ bei 0,4 und $\frac{4}{5}$ bei 0,8; Markierungen bei 0 — 0,4 — 0,8 — 1)

■ Addieren und Subtrahieren von Brüchen

Um zwei Brüche zu addieren oder zu subtrahieren,

muss man sie _____ machen,
sodass sie einen gemeinsamen Nenner haben.
Danach addiert bzw. subtrahiert man nur den Zähler,

der _____ bleibt bestehen.

Beispiele:

$$\frac{1}{2} + \frac{1}{3} = \frac{3}{6} + \frac{2}{6} = \frac{5}{6}$$

$$1 - \frac{4}{6} = \frac{6}{6} - \frac{4}{6} = \frac{2}{6} = \frac{1}{3}$$

■ Addieren und Subtrahieren von Dezimalbrüchen

Hierbei ist es wichtig, dass die Dezimalzahlen so untereinander geschrieben werden, dass die Kommas untereinander stehen.

$223{,}432 + 1{,}091 =$ _____

$374{,}6 - 145{,}045 =$ _____

■ Runden von Dezimalbrüchen

Es gelten die gleichen Regeln wie bei den natürlichen Zahlen:

Ab der Ziffer ____ wird aufgerundet, darunter abgerundet.

Beispiel: 24,451 gerundet auf

Ganze: _____   Zehntel: _____   Hundertstel: _____

Lösungssatz: __ __ __ __ __ __ __ (N) __ __ __ __ __ __ __ __

Kreise und Kreisfiguren

1 Zeichne in das Koordinatenkreuz um A (4 | 3) jeweils einen Kreis mit dem Radius 5 mm, 1 cm und 1,5 cm. Um B (5 | 3) zeichnest du einen weiteren Kreis mit dem Radius 2 cm, die Linie soll aber nur oberhalb der x-Achse verlaufen. Schließlich zeichne einen letzten Kreis um M (8 | 7) mit dem Durchmesser d = 1 cm. Es darf angemalt werden!

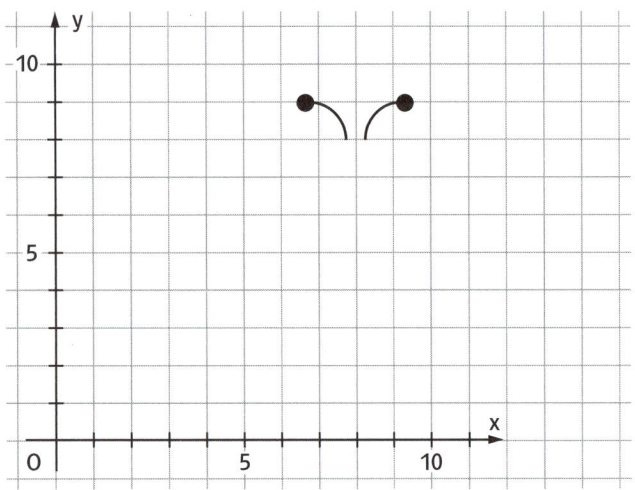

2 a) Ein Eichhörnchen sucht nach seinen versteckten Nüssen. Wie viele Nüsse kann es in einem Umkreis von 3 m von seinem Baum finden? _____
b) Bis zu welchem Abstand vom Baum muss es suchen, um 14 Nüsse zusammenzubekommen?

_____

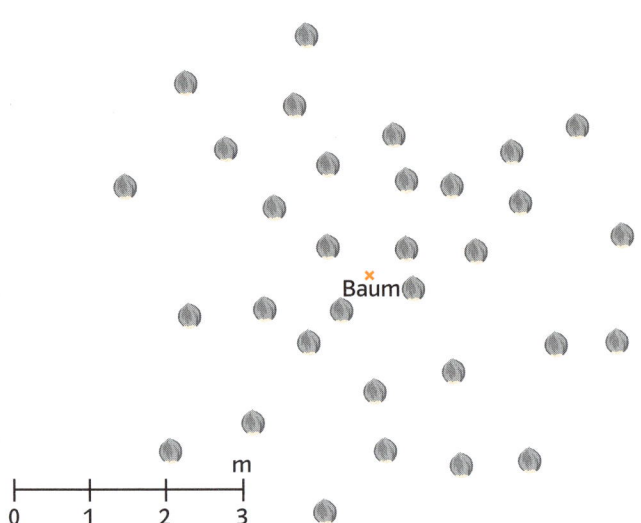

3 Hier lernst du, eine Spirale aus Halbkreisen zu konstruieren. Zeichne einen ersten Halbkreis um M (nach oben) mit dem Radius 0,5 cm, dann einen nächsten Halbkreis um M′ (nach unten) mit Radius 1 cm, dann einen Halbkreis um M (nach oben) mit Radius 1,5 cm …
Finde selbst heraus, wie es weiter geht und zeichne so viele Umdrehungen wie möglich.

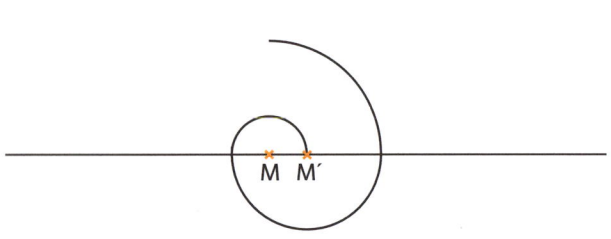

4 Ali und Tobias fahren mit dem Fahrrad zu einem gemeinsamen Treffpunkt. Ali startet in A-Stadt und muss weniger als 12 km radeln, Tobias aus B-Stadt hat es nach weniger als 10 km geschafft.
In welchem Ort treffen sie sich?

_____

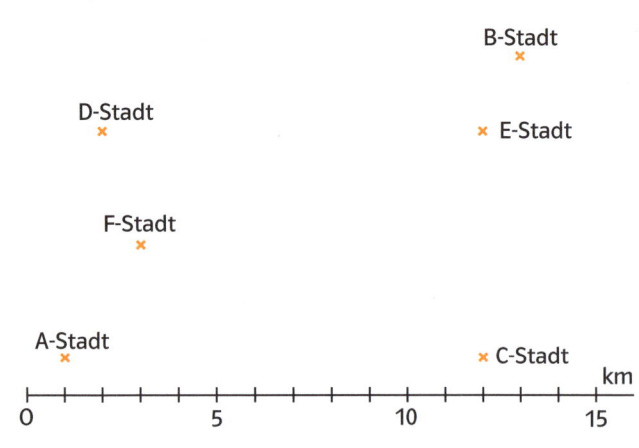

5 Zeichne das Kreisornament weiter bis zum Rand des Blattes.

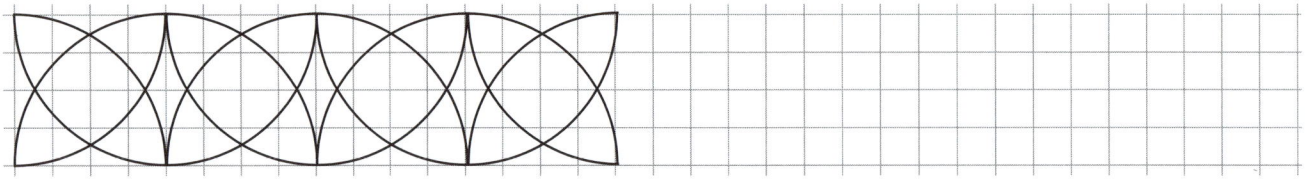

Winkel

1 a) Trage die Bezeichnungen in die Tabelle ein.
b) Miss dann die abgebildeten Winkel und ergänze die Tabelle.
c) Ordne die folgenden Winkel jeweils ihrer Winkelart zu und trage sie in die letzte Zeile der Tabelle ein.

| 75° | 120° | 45° | 225° | 336° | 93° | 155° | 302° | 360° | 25° | 90° | 180° |

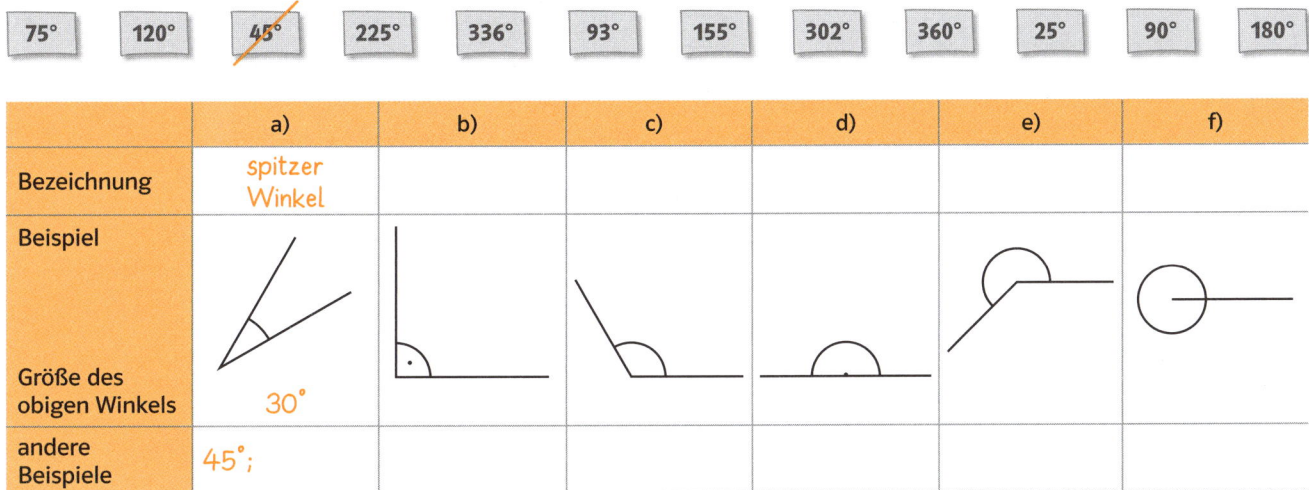

	a)	b)	c)	d)	e)	f)
Bezeichnung	spitzer Winkel					
Beispiel						
Größe des obigen Winkels	30°					
andere Beispiele	45°;					

2 Hier siehst du den Scheitelpunkt S.
a) Zeichne Winkel von 10°, 30°, 43°, 80°, 90°, 128°, 160° ein. Ein Schenkel ist bereits gezeichnet (durch D).
b) Die zweiten Schenkel schneiden jeweils einen Buchstaben. Alle zusammen ergeben ein Lösungswort.

Lösungswort:

D _____

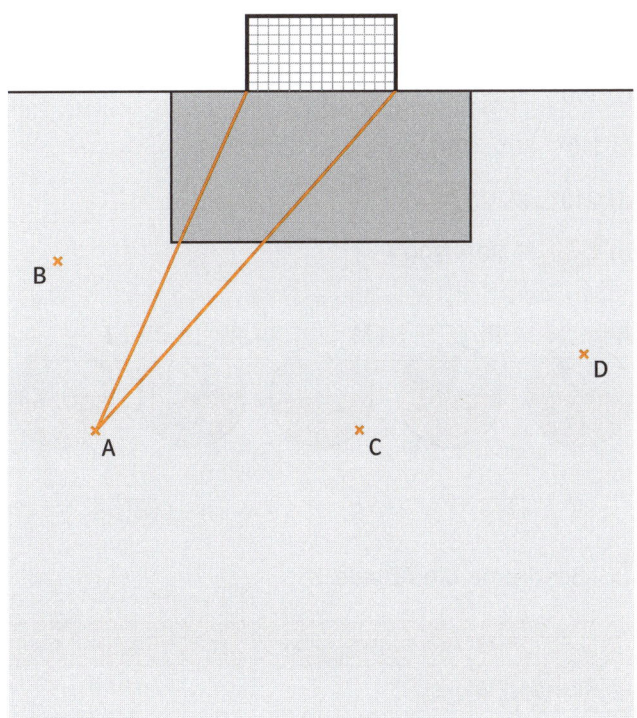

3 a) Unter welchem Winkel kann Spieler A das Tor treffen? _____

b) Welche Winkel stehen den Spielern B, C und D zur Verfügung?

B: _____ , C: _____ , D: _____

c) Wer von den Vieren hätte die besten Torchancen?

Spieler _____

d) Wie ändert sich der Winkel, wenn Spieler A sich dem Tor nähert?

_____

_____

_____

_____

Winkelgrößen

1 a) Trage die folgenden Winkel in die Figur ein.

$\sphericalangle$ hg $= \alpha$
$\sphericalangle$ hi $= \beta$
$\sphericalangle$ ki $= \gamma$
$\sphericalangle$ mk $= \delta$
$\sphericalangle$ nm $= \varepsilon$

b) Notiere alle Winkel mithilfe der Punkte.

$\alpha = $ ___$\sphericalangle$ CBA___ $\beta = $ _____

$\gamma = $ _____ $\delta = $ _____

$\varepsilon = $ _____

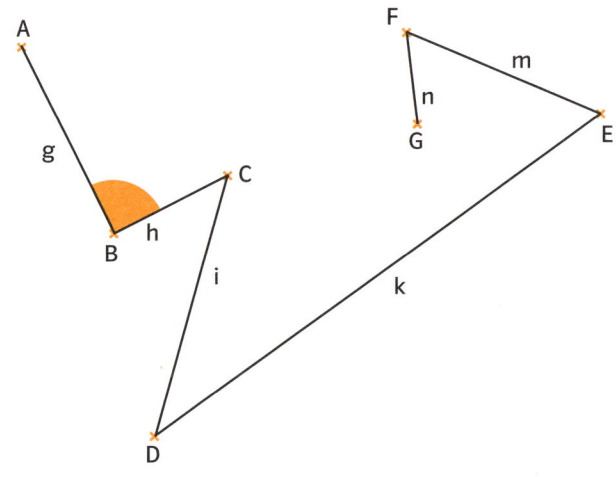

2 a) Fülle die Lücke: Der Kreis wird in _____ gleiche 1°-Winkel geteilt.
b) Bestimme die Größe der markierten Winkel wie im Beispiel.

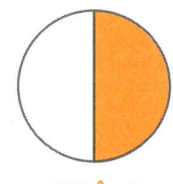 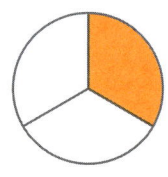 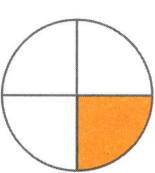 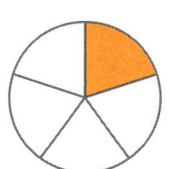 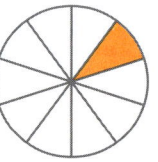 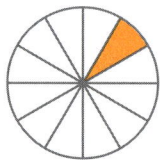

360° : 2   360° : _____   _____   _____   _____   _____

= 180°   _____   _____   _____   _____   _____

3 Ordne die Kreisdiagramme einer Winkelangabe zu. Leider sind einige Winkelangaben verwischt, die du ergänzen musst. Wenn du alles richtig gemacht hast, erhältst du ein Lösungswort.

a) 120°; 240° : _____

b) 190°; 1▮0° : _____

c) 110°; 80°; 170°: _____

d) 210°; 85°; ▮°: _____

e) ▮°; 80°; 200°: _____

A   **P**   **M**   **R**   **I**

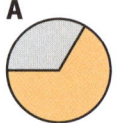 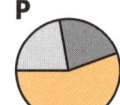 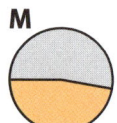  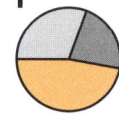

4 Bestimme den fehlenden Winkel des Kreisdiagramms und zeichne es dann.

a) 230°, 65°, ▮°   b) 72°, ▮°, 45°, 134°

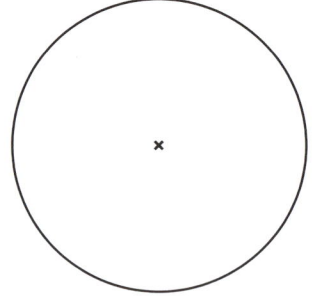 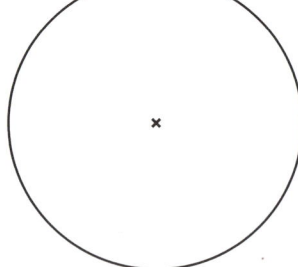

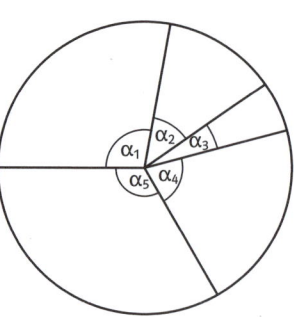

5 Bestimme die Anteile.

	α_1	α_2	α_3	α_4	α_5
gemessener Winkel					

Messen und Zeichnen von Winkeln

1 Bestimme die Winkelgrößen in den Figuren.

a)

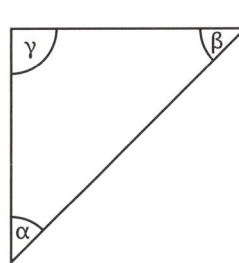

b)

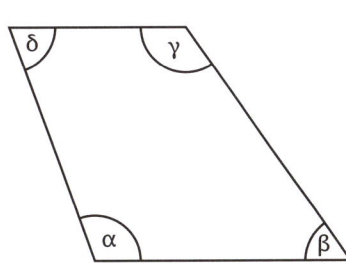

c)

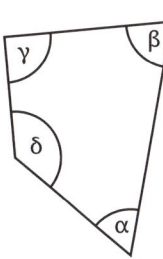

α = _____   β = _____

γ = _____

α = _____   β = _____

γ = _____   δ = _____

α = _____   β = _____

γ = _____   δ = _____

2 Wenn du die angegebenen Strecken läufst, ergeben die erreichten Buchstaben jeweils ein Lösungswort. Du beginnst jeweils bei „Start" mit der Blickrichtung nach Osten. Die angegebenen Richtungen beziehen sich immer auf den vorangegangenen Streckenabschnitt.

Beispiel: 45° rechts/2,1 cm → 45° rechts/1,5 cm → 65° links/3,3 cm → 117° links/1,5 cm → 90° rechts/1,5 cm → 45° links/2,1 cm

Lösungswort: Anfang _____

a) 90° rechts/1,5 cm → 90° links/3 cm → 45° links/2,1 cm → 45° rechts/1,5 cm → 72° rechts/4,7 cm → 162° links/4,5 cm

Lösungswort: G _____

b) 0°/1,5 cm → 45° rechts/2,1 cm → 45° links/1,5 cm → 63° rechts/3,3 cm → 63° links/1,5 cm → 90° links/1,5 cm

Lösungswort: _____

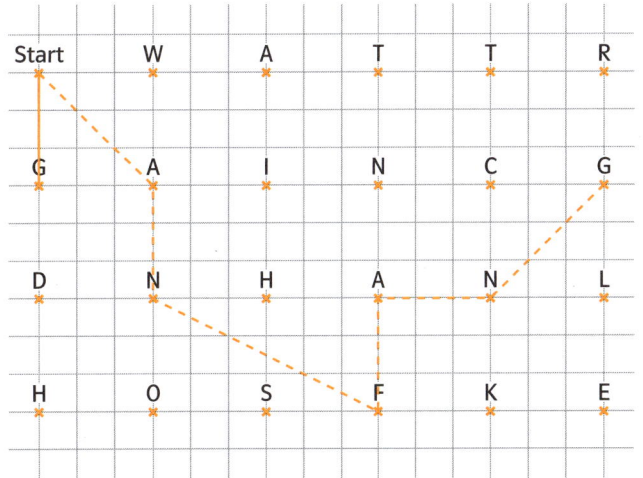

3 Der Turm wirft einen 120 m langen Schatten, wenn die Sonne 35° hoch steht.

a) Wie hoch ist der Turm? _____

b) Wie lang wäre sein Schatten, wenn der Winkel

60° beträgt? _____

c) Unter welchen Umständen würde der Turm trotz Sonnenschein keinen Schatten werfen?

_____

_____

_____

_____

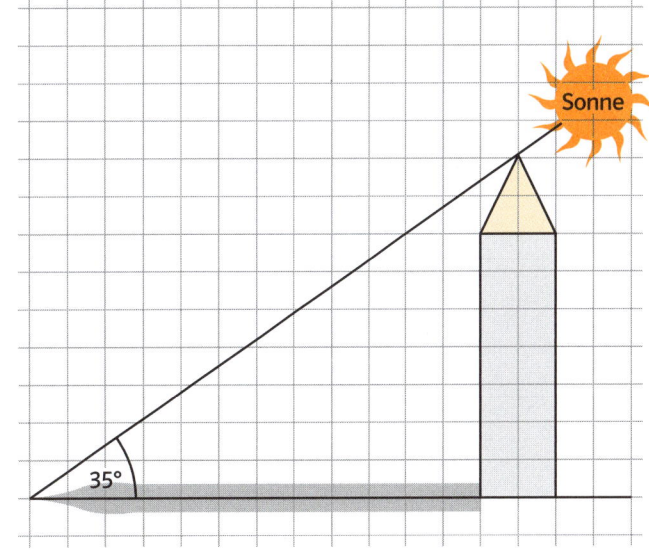

1 Kästchen entspricht _____ m.

Figuren aus Kreisen und Winkeln

1 Zeichne in die vorgegebenen Kreise

a) ein regelmäßiges Fünfeck.   b) ein regelmäßiges Neuneck.   c) ein regelmäßiges Sechseck.

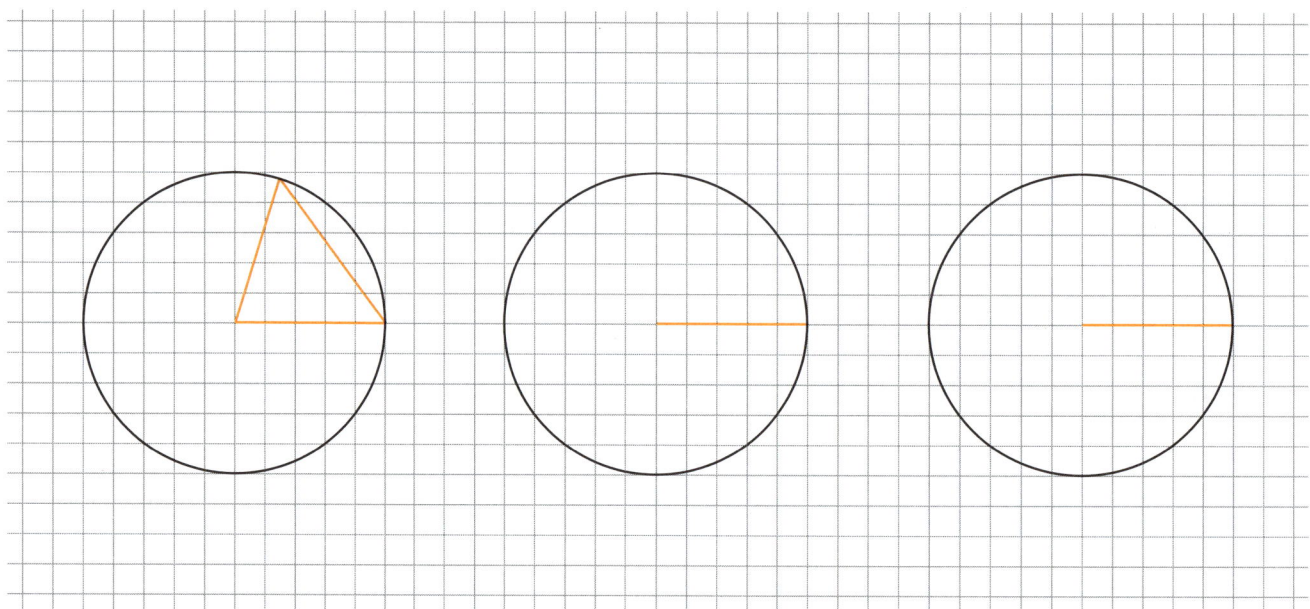

d) Zeichne nun in die Vielecke farbig Sterne ein. Diese sollen so viele Spitzen haben, wie die Vielecke jeweils Ecken besitzen.

Tipp: Benutze Verbindungslinien von Eckpunkten zu gegenüberliegenden Eckpunkten als Hilfslinien.

2 Ein Viertel des Mandalas ist bereits fertig. Schaffst du den Rest?

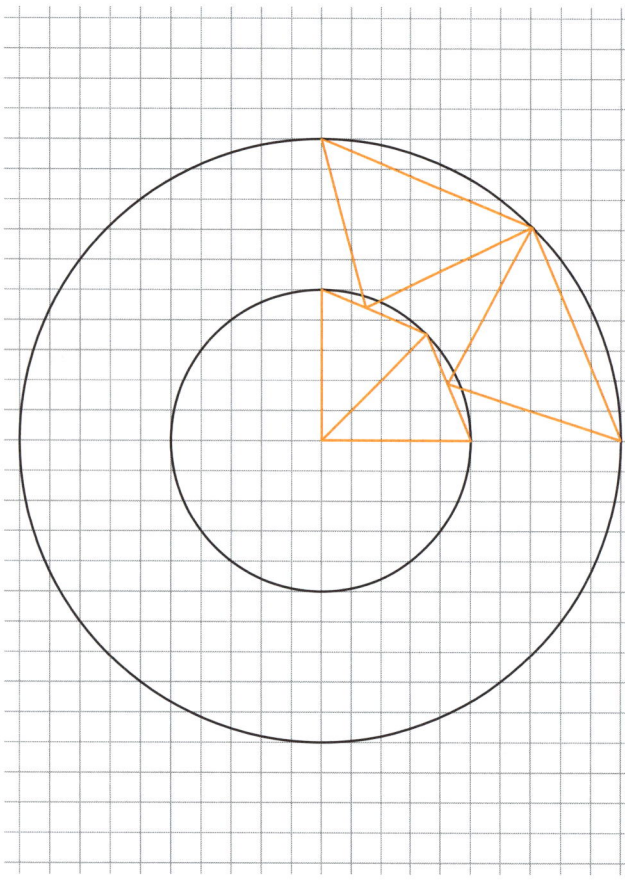

3 Übertrage den Stern in die vorgegebenen Kreise.

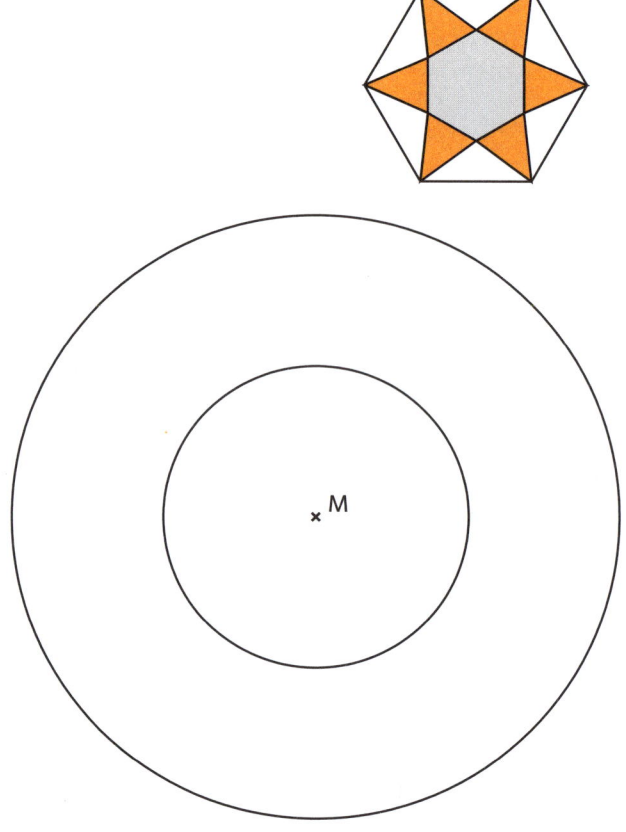

Fülle die Lücken mit den Wörtern und Zahlen in den Zetteln. Trage die zugehörigen Buchstaben in der Reihenfolge der Lücken in den Lösungssatz ein.

■ Kreis

Alle Punkte auf der Kreislinie haben vom _Mittelpunkt_ dieselbe Entfernung. Verbindet man einen Punkt auf dem Kreis mit dem Mittelpunkt, so erhält man den

_____. Der _____

ist doppelt so lang wie der Radius.

Durchmesser d
Kreislinie
M
Radius r

■ Winkel

Dreht man eine _____ um ihren

Anfangspunkt S, so entsteht ein _____.

Der Punkt S heißt _____.

Einen Winkel bezeichnet man
– mit griechischen Buchstaben, z. B.

_____,

– durch seine beiden Schenkel:

_____ oder

– durch drei Punkte: _____.

Schenkel   h
                B
S α   A   g
Scheitelpunkt   Schenkel

Winkel werden ihrer Größe nach in verschiedene Arten eingeteilt.

Teilt man einen Kreis in _____ gleiche

Kreisausschnitte, so hat jedes Stück einen Winkel von 1°. Der Vollwinkel beträgt also 360°.

0°–90°	90°	90°–180°
	recht	

180°	180°–360°	360°
ge-streckt	über-stumpf	voll

■ Messen und Zeichnen von Winkeln

Das Geodreieck muss so gelegt werden, dass sein Nullpunkt und der Scheitelpunkt des Winkels zusammenfallen und eine Kante entlang eines

_____ des Winkels verläuft. Man benutzt

die Skala, bei der die Werte vom ersten zum zweiten

Schenkel immer _____ werden.

Um überstumpfe Winkel wie z. B. 250° zu messen oder zu zeichnen, gibt es zwei Möglichkeiten: Entweder berechnet man den Winkel, den man zu

180° ergänzen muss, also _____ (grau),

oder man berechnet den Winkel, der 250° zu 360°

ergänzt, also _____ (orange).

70° 110°
250°

Schenkels	T

◁ gh	G

spitz	O

◁ ASB	E

Mittelpunkt	M

Halbgerade	S

360° – 250° = 110°	E

Alpha α, Beta β, Gamma γ oder Delta δ	U

Radius r	A

360	E

größer	R

Winkel	T

Durchmesser d	G

stumpf	M

250° – 180° = 70°	I

Scheitelpunkt	D

Lösungssatz: M _ _ _ _ _ _ _ _ _ _ _ _ _ _ _ _ _ _ ?

1 Kreuze an. Hier sind in jeder Zeile mehrere Antworten richtig.

	60	124	888	98	576	90
Teilbar durch 2						
Teilbar durch 3						
Teilbar durch 4						
Teilbar durch 5						
Teilbar durch 9						

2 Berechne die Anteile.

a) $\frac{2}{3}$ von 18 m: _____

b) $\frac{3}{5}$ von 60 g: _____

c) $\frac{5}{6}$ von 42 €: _____

d) $\frac{2}{7}$ von 56 l: _____

e) $\frac{7}{13}$ von 78 t: _____

f) $\frac{4}{9}$ von 54 h: _____

g) $\frac{7}{12}$ von 84 Jahren: _____

h) $\frac{1}{4}$ von 8 m²: _____

3 Färbe so, dass die Anteilangaben stimmen.

a) $\frac{3}{4}$

b) $\frac{1}{3}$

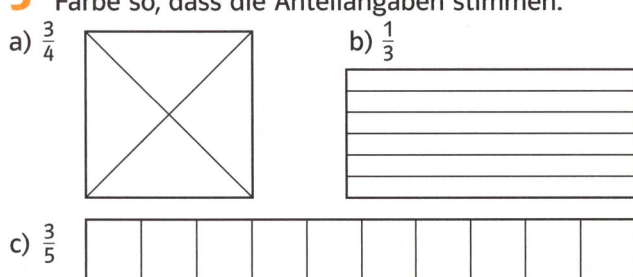

c) $\frac{3}{5}$

4 Gib die farbigen Anteile der Klötzchenfigur an.

grau:

orange:

hellorange:

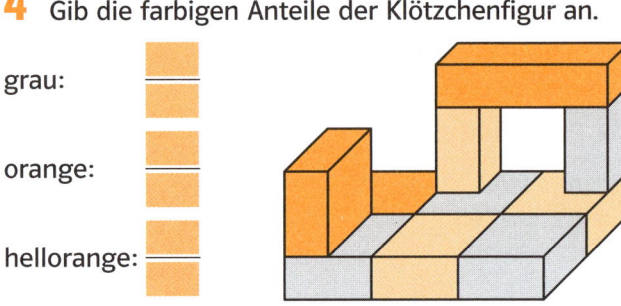

5 Vervollständige die Brüche durch Kürzen oder Erweitern.

a) $\frac{6}{14} = \frac{18}{42}$

b) $\frac{14}{32} = \frac{\quad}{16}$

c) $\frac{8}{28} = \frac{\quad}{7}$

d) $\frac{\quad}{36} = \frac{7}{9}$

e) $\frac{4}{5} = \frac{\quad}{45}$

f) $\frac{24}{88} = \frac{3}{\quad}$

g) $\frac{2}{11} = \frac{\quad}{55}$

h) $\frac{42}{\quad} = \frac{7}{8}$

i) $\frac{36}{60} = \frac{3}{\quad}$

j) $\frac{3}{4} = \frac{\quad}{32}$

k) $\frac{\quad}{8} = \frac{28}{56}$

l) $\frac{16}{48} = \frac{\quad}{6}$

6 Welche Brüche haben den gleichen Wert? Kreuze an.

	$\frac{12}{27}$	$\frac{30}{48}$	$\frac{3}{7}$	$\frac{10}{16}$	$\frac{21}{49}$
$\frac{5}{8}$					
$\frac{4}{9}$					
$\frac{55}{88}$					
$\frac{9}{21}$					

7 Fülle die Tabelle aus.

	a)	b)	c)	d)	e)	f)	g)
Dezimalbruch	0,8	0,5			0,75		
Bruch mit Nenner 10, 100, 1000	$\frac{8}{10}$		$\frac{24}{100}$			$\frac{25}{1000}$	
Gekürzter Bruch	$\frac{4}{5}$			$\frac{1}{4}$			$\frac{1}{8}$

8 Bestimme alle Innenwinkel der Figur. Trage die Werte in die Zeichnung ein.

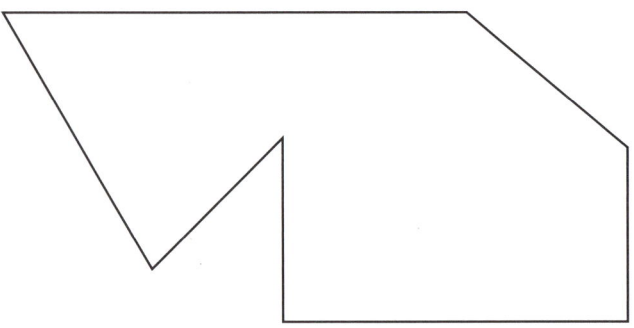

9 Zu den Winkeln 43°, 125° und 275° ist jeweils ein Schenkel vorgegeben. Zeichne die Winkel.

Vervielfachen und Teilen von Brüchen

1 Markiere den angegebenen Anteil in vier Farben und lies dann das Ergebnis der Aufgabe ab.

a)

$4 \cdot \frac{2}{9} =$ _____

b)

$4 \cdot \frac{3}{5} =$ _____

2 Berechne. Die Lösungen der Aufgaben in den Ballons ergeben in der richtigen Reihenfolge ein Lösungswort. Denke an das Kürzen vor dem Ausrechnen.

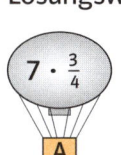 $7 \cdot \frac{3}{4}$ — A

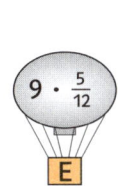 $9 \cdot \frac{5}{12}$ — E

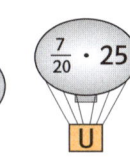 $\frac{7}{20} \cdot 25$ — U

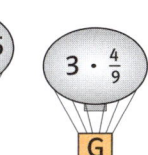 $3 \cdot \frac{4}{9}$ — G

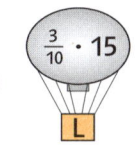 $\frac{3}{10} \cdot 15$ — L

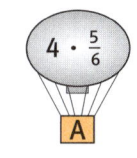 $4 \cdot \frac{5}{6}$ — A

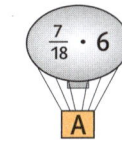 $\frac{7}{18} \cdot 6$ — A

 $12 \cdot \frac{7}{9}$ — M

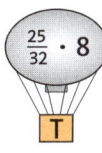 $\frac{25}{32} \cdot 8$ — T

Lösungswort: _____

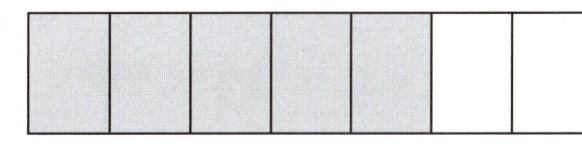

$1\frac{1}{3}$ $8\frac{3}{4}$ $5\frac{1}{4}$ $6\frac{1}{4}$ $3\frac{3}{4}$ $9\frac{1}{3}$ $3\frac{1}{3}$ $4\frac{1}{2}$ $2\frac{1}{3}$

3 Veranschauliche die Aufgabe, indem du den markierten Anteil aufteilst. Vervollständige dann den Rechenweg.

a)

$\frac{6}{7} : 3 = \frac{6 \,\square}{7} =$ _____

b)

$\frac{5}{7} : 2 = \frac{5}{7 \,\square} =$ _____

4 Berechne im Kopf und verbinde jede Aufgabe mit ihrer Lösung.

 $\frac{3}{5} : 3$ $\frac{3}{7} : 2$ $\frac{5}{7} : 10$ $\frac{8}{9} : 3$ $\frac{22}{27} : 11$ $\frac{6}{7} : 2$ $\frac{1}{3} : 9$ $\frac{8}{11} : 4$

$\frac{1}{14}$ $\frac{3}{7}$ $\frac{8}{27}$ $\frac{1}{5}$ $\frac{3}{14}$ $\frac{1}{27}$ $\frac{2}{27}$ $\frac{2}{11}$

5 Gib das Ergebnis in der nächstkleineren Einheit an.

a) Teile eine halbe Stunde durch 3. _____

b) Berechne den vierten Teil von $\frac{1}{5}$ kg. _____

c) Teile $\frac{1}{4}$ Minute durch 3. _____

d) Berechne die Hälfte von $\frac{3}{4}$ Liter. _____

e) Berechne ein Fünftel von einem halben Kilometer. _____

6 Vervollständige die Rechenschlange. Kürze, wenn möglich.

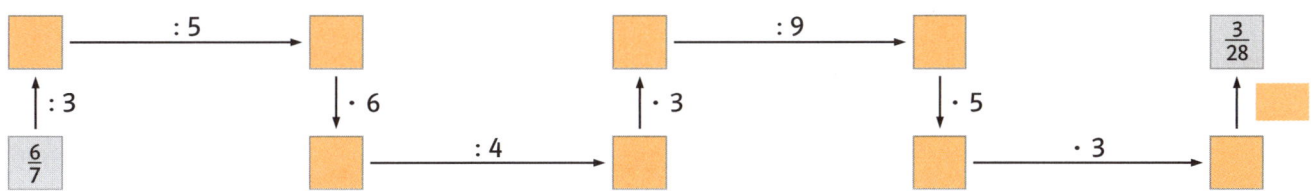

$\frac{6}{7}$: 5   · 6   : 4   : 9   · 3   : 5   · 3 $\frac{3}{28}$: 3

1 Veranschauliche die Aufgabe und ergänze das Ergebnis.

a)

$\frac{2}{3}$ von $\frac{5}{6} = \frac{5}{6} \cdot \frac{2}{3} = \underline{}$

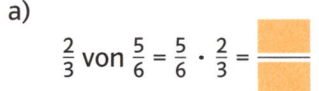 dritteln 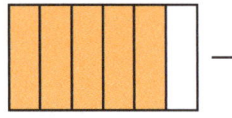 zwei Drittel nehmen

b)

$\frac{3}{4}$ von $\frac{3}{5} = \frac{3}{5} \cdot \frac{3}{4} = \underline{}$

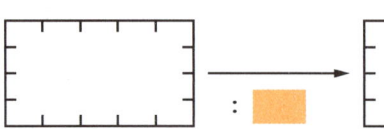

c)

$\frac{1}{3}$ von $\frac{2}{5} = \frac{2}{5} \cdot \frac{1}{3} = \underline{}$

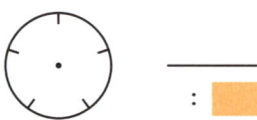  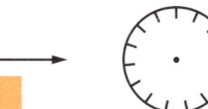

2 Berechne. Kürze vor dem Multiplizieren.

a) $\frac{5}{8} \cdot \frac{4}{3} = \frac{5 \cdot 4}{8 \cdot 3} = \frac{5 \cdot 4}{2 \cdot 4 \cdot 3} = \frac{5}{6}$

b) $\frac{7}{8} \cdot \frac{8}{9} = \underline{}$

c) $\frac{6}{7} \cdot \frac{4}{9} = \underline{}$

d) $\frac{1}{12} \cdot \frac{9}{5} = \underline{}$

e) $\frac{3}{4} \cdot \frac{8}{15} = \underline{}$

f) $\frac{10}{9} \cdot \frac{6}{15} = \underline{}$

g) $\frac{7}{8} \cdot \frac{16}{21} = \underline{}$

h) $\frac{35}{36} \cdot \frac{27}{49} = \underline{}$

A | $\frac{8}{21}$ B | $\frac{4}{9}$ A | $\frac{2}{3}$

D | $\frac{15}{28}$ S | $\frac{2}{5}$

S | $\frac{3}{20}$ P | $\frac{7}{9}$ S | $\frac{5}{6}$

Lösungswort: S __ __ __ __ __ __ __

3 Berechne die Anteile von Größen.

a) Zwei Drittel von einer Viertelstunde: _____

b) Ein Viertel von einem halben Kilogramm: _____

c) Ein Sechstel von einem $\frac{3}{4}$ Meter: _____

d) Vier Fünftel von $\frac{1}{2}$ Liter: _____

4 a) Eine $\frac{3}{4}$-l-Flasche ist noch zu $\frac{2}{3}$ mit Apfelsaftschorle gefüllt. Wie viel Liter Schorle sind in der Flasche?

_____ Antwort: _____

b) In $\frac{1}{6}$ des 240 m² großen Gartens pflanzt Familie Peters Gemüse an. $\frac{1}{8}$ von dieser Fläche nutzt sie für Möhren.

Welcher Anteil am Garten ist das? _____ Antwort: _____

Wie viele Quadratmeter sind das? _____ Antwort: _____

5 Markiere den Fehler und rechne darunter richtig.

a) $\frac{4}{9} \cdot \frac{5}{9} = \frac{20}{9}$

b) $3 \cdot \frac{2}{5} = \frac{6}{15}$

c) $\frac{3}{4} \cdot \frac{7}{9} = \frac{10}{13}$

6 Setze die passenden Zahlen ein.

a) $\frac{1}{\boxed{}} \cdot \frac{5}{12} = \frac{5}{48}$

b) $\frac{24}{5} \cdot \frac{3}{\boxed{}} = \frac{9}{20}$

c) $\frac{5}{6} \cdot \frac{\boxed{}}{11} = \frac{15}{22}$

d) $\frac{\boxed{}}{\boxed{}} \cdot \frac{2}{5} = \frac{2}{7}$

e) $\frac{6}{5} \cdot \frac{2}{\boxed{}} = \frac{\boxed{}}{25}$

f) $\frac{\boxed{}}{5} \cdot \frac{7}{36} = \frac{49}{30}$

Multiplizieren von Brüchen (2)

1 Veranschauliche die Aufgabe an einem Rechteck und gib das Ergebnis an.

a) $\frac{2}{3}$ von $\frac{1}{5} = \frac{2}{3} \cdot \frac{1}{5} = \underline{\frac{2}{15}}$

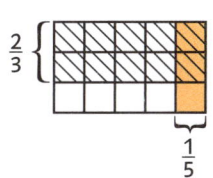

b) $\frac{1}{4}$ von $\frac{1}{5} = \frac{1}{4} \cdot \frac{1}{5} = $ _____

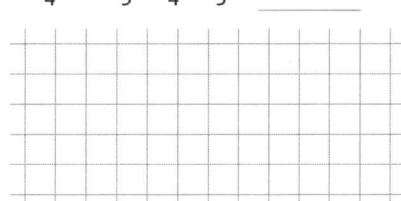

c) $\frac{3}{4}$ von $\frac{5}{7} = $ _____

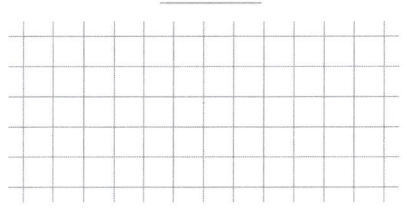

2 Notiere die dargestellte Multiplikationsaufgabe. Lies auch das Ergebnis ab.

a)

_____

b)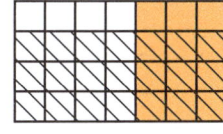

_____

c)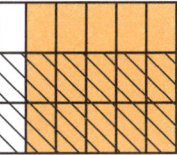

_____

3 Berechne. Denke an das Kürzen und gib das Ergebnis gegebenenfalls als gemischte Zahl an.
Wenn du die Lösungen nach ihrer Größe ordnest, erhältst du ein Lösungswort.

a) $\frac{2}{3} \cdot \frac{9}{4} \quad = \frac{2 \cdot 9}{3 \cdot 4} = \frac{1 \cdot 3}{1 \cdot 2} = \frac{3}{2} = 1\frac{1}{2}$ P

b) $3\frac{1}{4} \cdot \frac{2}{3} = $ _____ I

c) $\frac{24}{5} \cdot \frac{3}{32} = $ _____ A

d) $\frac{6}{25} \cdot \frac{15}{22} = $ _____ C

e) $\frac{2}{5} \cdot \frac{9}{10} = $ _____ H

f) $2\frac{1}{6} \cdot \frac{15}{26} = $ _____ M

g) $3\frac{1}{3} \cdot 4\frac{1}{2} = $ _____ N

h) $5\frac{1}{7} \cdot \frac{14}{27} = $ _____ O

Ergebnisse: _____ < _____ < _____ < _____ < _____ < _____ < _____   **Lösungswort:** _____

4 Ergänze die Rechenschlange mit gekürzten Brüchen. Achte auf die Vorzeichen und die Rechenart.

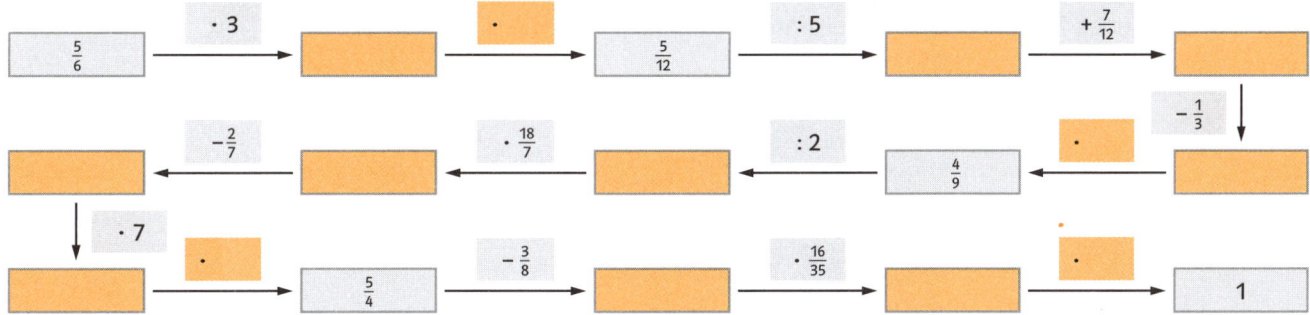

5 Für eine Wanderung hat Familie Müller einen Rundweg am Torfhaus im Harz
ausgesucht. Die Kinder schaffen es in $\frac{4}{5}$ der angegebenen Zeit, die Großeltern
benötigen für den Weg $\frac{5}{6}$ der Zeit.
Wie lange brauchen sie? Gib das Ergebnis in Stunden und Minuten an.

Rundweg über das Torfhaus 2½ Std.

_____

Dividieren von Brüchen (1)

1 Schreibe und rechne wie im Beispiel.

> Man dividiert durch einen Bruch, indem man den ersten Bruch mit dem _____ des zweiten multipliziert.

a) $\dfrac{3}{4} : \dfrac{2}{5} = \dfrac{3}{4} \cdot \dfrac{5}{2} = \dfrac{3 \cdot 5}{4 \cdot 2} = \dfrac{15}{8} = 1\dfrac{7}{8}$

b) $\dfrac{1}{4} : \dfrac{3}{2} = \dfrac{}{} \cdot \dfrac{}{} = \dfrac{ \cdot }{ \cdot } = \dfrac{}{}$

c) $\dfrac{3}{5} : \dfrac{2}{7} = \dfrac{}{} \cdot \dfrac{}{} = \dfrac{ \cdot }{ \cdot } = \dfrac{}{} = \dfrac{}{}$

d) $\dfrac{4}{5} : \dfrac{7}{3} = \dfrac{}{} \cdot \dfrac{}{} = \dfrac{ \cdot }{ \cdot } = \dfrac{}{} = \dfrac{}{}$

e) $\dfrac{2}{9} : \dfrac{1}{10} = \dfrac{}{} \cdot \dfrac{}{} = \dfrac{ \cdot }{ \cdot } = \dfrac{}{}$

f) $\dfrac{7}{11} : \dfrac{9}{2} = \dfrac{}{} \cdot \dfrac{}{} = \dfrac{ \cdot }{ \cdot } = \dfrac{}{}$

2 Kürze während der Rechnung wie im Beispiel und gib das Ergebnis als vollständig gekürzten Bruch an.

a) $\dfrac{8}{9} : \dfrac{2}{3} = \dfrac{8}{9} \cdot \dfrac{3}{2} = \dfrac{\cancel{2} \cdot 4 \cdot \cancel{3}}{3 \cdot \cancel{3} \cdot \cancel{2}} = \dfrac{4}{3} = 1\dfrac{1}{3}$

b) $\dfrac{48}{49} : \dfrac{66}{35} = \dfrac{48}{49} \cdot \dfrac{35}{66} = \dfrac{\cancel{6} \cdot 8 \cdot 5 \cdot \cancel{7}}{\cancel{7} \cdot 7 \cdot \cancel{6} \cdot 11} = \dfrac{}{} = \dfrac{}{}$

c) $\dfrac{42}{45} : \dfrac{14}{63} = \dfrac{ \cdot }{ \cdot } = \dfrac{}{} = \dfrac{}{} = \dfrac{}{}$

d) $\dfrac{90}{91} : \dfrac{15}{7} = \dfrac{ \cdot }{ \cdot } = \dfrac{}{} = \dfrac{}{}$

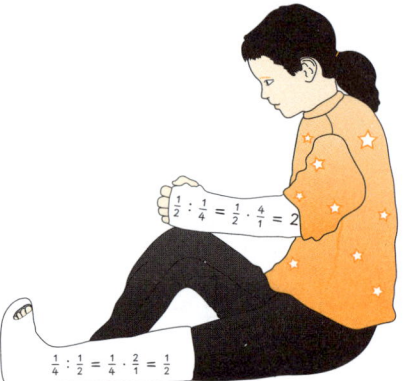

$\frac{1}{2} : \frac{1}{4} = \frac{1}{2} \cdot \frac{4}{1} = 2$

$\frac{1}{4} : \frac{1}{2} = \frac{1}{4} \cdot \frac{2}{1} = \frac{1}{2}$

3 Rechne im Kopf.

a) $\dfrac{1}{3} : \dfrac{1}{2}\ \dfrac{}{}$

b) $\dfrac{1}{3} : \dfrac{2}{1}\ \dfrac{}{}$

c) $\dfrac{2}{3} : \dfrac{1}{3}\ \dfrac{}{}$

d) $\dfrac{2}{3} : \dfrac{1}{2}\ \dfrac{}{}$

e) $\dfrac{1}{6} : \dfrac{2}{3}\ \dfrac{}{}$

f) $\dfrac{5}{6} : 6\ \dfrac{}{}$

4 Marie hat ihre drei besten Freundinnen zum Pizza-Essen eingeladen. Marie hat vier Pizzas gebacken. Während sie ihre Freundinnen begrüßt, hat ihr kleiner Bruder schon eine halbe Pizza gegessen. Für jedes Mädchen bleibt aber immerhin

noch $\dfrac{}{}$ einer Pizza übrig.

5 Vereinfache die Doppelbrüche. Denke daran, so früh wie möglich zu kürzen.

a)

$\dfrac{\frac{9}{16}}{\frac{3}{8}} = \dfrac{}{} : \dfrac{}{} = \dfrac{}{} \cdot \dfrac{}{} = \dfrac{}{}$

b)

$\dfrac{\frac{6}{35}}{\frac{2}{7}} = \dfrac{}{} : \dfrac{}{} = \dfrac{}{} \cdot \dfrac{}{} = \dfrac{}{}$

6 Beim Dividieren von gemischten Zahlen musst du diese zuerst in Brüche umwandeln.

a) $1\dfrac{1}{2} : 2\dfrac{3}{4} = \dfrac{3}{2} \cdot \dfrac{4}{11} = \dfrac{3 \cdot \cancel{2} \cdot 2}{\cancel{2} \cdot 11} = \dfrac{6}{11}$

b) $2\dfrac{1}{3} : 3\dfrac{1}{2} = \dfrac{}{} \cdot \dfrac{}{} = \dfrac{}{} = \dfrac{}{}$

c) $1\dfrac{4}{5} : \dfrac{3}{10} = \dfrac{ \cdot }{ \cdot } = \dfrac{}{} = \dfrac{}{} = \dfrac{}{}$

d) $\dfrac{8}{9} : 1\dfrac{1}{3} = \dfrac{}{} \cdot \dfrac{}{} = \dfrac{}{} = \dfrac{}{}$

Dividieren von Brüchen (2)

1 Fülle die Lücken aus. Rechne im Kopf.

a) $2 \xrightarrow{:\frac{2}{3}} \square \xrightarrow{:\frac{3}{4}} \square \xrightarrow{:\frac{4}{5}} \square \xrightarrow{:\frac{5}{6}} \square$

b) $\frac{1}{5} \xrightarrow{:\frac{2}{3}} \square \xrightarrow{:\frac{3}{4}} \square \xrightarrow{:\frac{4}{5}} \square \xrightarrow{:\frac{5}{6}} \square$

c) $\frac{2}{7} \xrightarrow{:\frac{3}{2}} \square \xrightarrow{:\frac{4}{3}} \square \xrightarrow{:\frac{5}{4}} \square \xrightarrow{:\frac{6}{5}} \square$

2 a) Ein Viertel aller Schüler der Klasse 6a spielt gerne Fußball, das sind 7 Schüler. Also hat die Klasse insgesamt $7 : \frac{1}{4} = 7 \cdot \dfrac{\square}{\square} = \underline{\qquad}$ Schüler.

b) $\frac{3}{4}$ l Apfelsaft kosten 1,20 €. Dann kostet 1 l Apfelsaft 1,20 € $: \frac{3}{4} = 1{,}20\,€ \cdot \dfrac{\square}{\square} = \underline{\qquad}$ €.

c) Nach $\frac{2}{3}$ der Gesamtstrecke machen wir endlich eine Pause, immerhin sind wir schon 8 km gewandert. Insgesamt ist unser Rundweg

$8\,\text{km} : \dfrac{\square}{\square} = 8\,\text{km} \cdot \dfrac{\square}{\square} = \underline{\qquad}$ km lang.

3 Berechne und ordne anschließend die Ergebnisse von klein nach groß. Die Buchstaben auf den Kärtchen verraten dir dann, was Bruch auf Lateinisch heißt.

a) $4\frac{2}{3} : 4 = \dfrac{14}{3} : \dfrac{4}{1} = \dfrac{14}{3} \cdot \dfrac{1}{4} = \dfrac{\cancel{2} \cdot 7}{3 \cdot \cancel{2} \cdot 2} = \dfrac{7}{6} = 1\frac{1}{6}$

b) $3\frac{3}{8} : 2\frac{1}{4} = \dfrac{\square}{\square} : \dfrac{\square}{\square} = \dfrac{\square}{\square} \cdot \dfrac{\square}{\square} = \dfrac{\square}{\square} = \dfrac{\square}{\square}$

c) $5\frac{5}{6} : 4\frac{2}{3} = \dfrac{\square}{\square} : \dfrac{\square}{\square} = \dfrac{\square}{\square} \cdot \dfrac{\square}{\square} = \dfrac{\square}{\square} = \dfrac{\square}{\square}$

d) $2\frac{4}{9} : 1\frac{1}{3} = \dfrac{\square}{\square} : \dfrac{\square}{\square} = \dfrac{\square}{\square} \cdot \dfrac{\square}{\square} = \dfrac{\square}{\square} = \dfrac{\square}{\square}$

e) $2\frac{1}{3} : 3\frac{1}{2} = \dfrac{\square}{\square} : \dfrac{\square}{\square} = \dfrac{\square}{\square} \cdot \dfrac{\square}{\square} = \dfrac{\square}{\square} = \dfrac{\square}{\square}$

f) $6\frac{3}{7} : 3\frac{6}{7} = \dfrac{\square}{\square} : \dfrac{\square}{\square} = \dfrac{\square}{\square} \cdot \dfrac{\square}{\square} = \dfrac{\square}{\square} = \dfrac{\square}{\square}$

g) $4\frac{2}{5} : 3\frac{3}{10} = \dfrac{\square}{\square} : \dfrac{\square}{\square} = \dfrac{\square}{\square} \cdot \dfrac{\square}{\square} = \dfrac{\square}{\square} = \dfrac{\square}{\square}$

$\dfrac{\square}{\square} < \dfrac{\square}{\square} < \dfrac{\square}{\square} < \dfrac{\square}{\square} < \dfrac{\square}{\square} < \dfrac{\square}{\square}$

Lösungswort: $\underline{\ }\ \underline{\ }\ \underline{\ }\ \underline{\ }\ \underline{\ }\ \underline{\ }\ \underline{\ }$

Kärtchen:
R | $1\frac{5}{6}$ E | $1\frac{1}{5}$ F | $\frac{2}{3}$ U | $1\frac{2}{3}$ K | $1\frac{1}{3}$ T | $1\frac{1}{2}$ M | $\frac{3}{4}$ A | $1\frac{1}{4}$ R | $1\frac{1}{6}$

4 Entscheide, welche Rechnung zu welcher Aufgabe passt und berechne dann die Aufgabe. Zwei Rechenausdrücke rechts bleiben übrig.

a) $\frac{2}{3}$ der Schüler möchten am Wandertag in einen Freizeitpark. In der Klasse sind 30 Schüler. __D__

b) $\frac{2}{3}$ der im Angebot gekauften Äpfel sind faul, das sind immerhin 30 Stück. ____

c) $\frac{2}{3}$ der Schüler eines Gymnasiums sind in der Sekundarstufe I, von diesen schafft nur jeder 30. einen Einserdurchschnitt im Zeugnis.

Das entspricht welchem Bruchteil aller Schüler? ____

d) Welcher Bruchteil von $\frac{2}{3}$ ist $\frac{1}{30}$? ____

B $\frac{2}{3} \cdot \frac{1}{30} = \dfrac{\square}{\square}$

C $30 : \frac{2}{3} = \dfrac{\square}{\square}$

F $\frac{1}{30} : \frac{2}{3} = \dfrac{\square}{\square}$

D $30 \cdot \frac{2}{3} = \dfrac{\square}{\square}$

A $\frac{2}{3} : 30 = \dfrac{\square}{\square}$

E $\frac{3}{2} \cdot 30 = \dfrac{\square}{\square}$

Zehnerpotenzen multiplizieren und dividieren

1 Berechne nur jeweils die Aufgabe mit dem größten Ergebnis. Markiere die Aufgabe mit dem kleinsten Ergebnis mit „k" auf der Schreiblinie.

a) $0,98 \cdot 10^3 =$ _____

$0,98 \cdot 100 =$ _____

$0,98 : 10 =$ _____

b) $76,87 \cdot 10^2 : 10\,000 =$ _____

$76,87 : 10 =$ _____

$76,87 \cdot 1 =$ _____

c) $0,657 : 10^3 =$ _____

$0,657 : 10\,000 \cdot 100 =$ _____

$65,7 \cdot 10^4 : 1\,000 =$ _____

2 Wie wurde gerechnet? Verwende ein $\cdot$ oder $:$ in deiner Rechnung.

a) $1,5$ __$: 10^3$__ $= 0,0015$

b) 1 _____ $= 0,000001$

c) $345,765$ _____ $= 34\,576\,500$

d) $4\,800$ _____ $= 4,8$

e) $3,33$ _____ $= 333\,000$

3 Was ist größer? Setze das entsprechende Zeichen (>, < oder =) ein.

a) 4,6 Millionen  0,0035 Milliarden

b) 0,00032 Milliarden ⬜ 1760000

c) 4,63 Millionen ⬜ 0,00463 Milliarden

4 Wie heißt die Zahl?

	Aufgabe	Gesuchte Zahl
a)	Der zehnte Teil der Zahl ist 3,2.	
b)	Der tausendste Teil der Zahl ist 567.	
c)	Das Hundertfache dieser Zahl ist 4213.	
d)	Das Zehntausendfache dieser Zahl ist 0,1.	

5 Fülle die Tabelle aus. Wandle, wenn nötig, in eine sinnvolle Einheit um.

	a)	b)	c)	d)	e)	f)
Maßstab	1:100	1:50	1:25000	1000:1		
Zeichnung	35 cm	5,5 cm			75 cm	0,8 m
Wirklichkeit			150 m	3 cm	25 cm	4 m

6 Verkleinere bzw. vergrößere die Figur im angegebenen Maßstab.

a) Maßstab 1:2

b) Maßstab 2:1

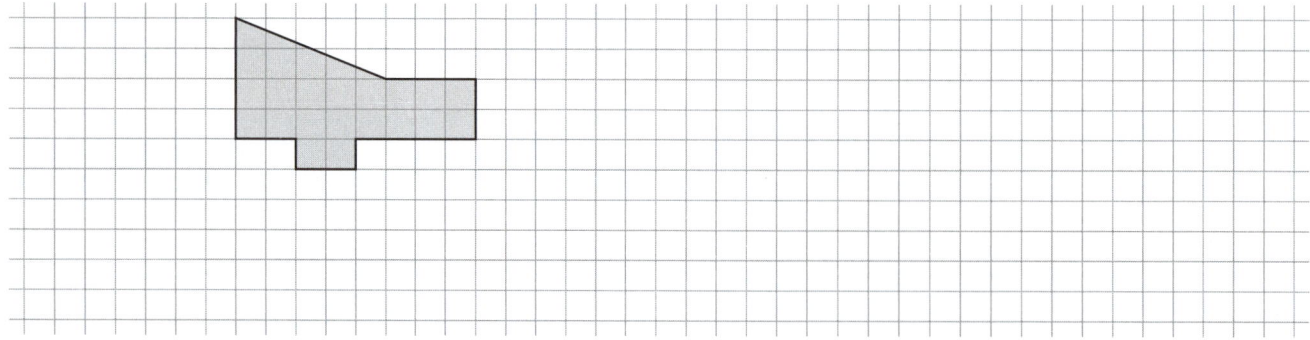

Lambacher Schweizer 6

Mathematik für Gymnasien
Ausgabe A

Lösungen zum Arbeitsheft

Teiler und Vielfache, Seite 3

1

a) T_{30} = {1; 2; 3; 5; 6; 10; 15; 30}
b) T_{105} = {1; 3; 5; 7; 15; 21; 35; 105}
c) T_{54} = {1; 2; 3; 6; 9; 18; 27; 54}
d) T_{42} = {1; 2; 3; 6; 7; 14; 21; 42}
e) Die gemeinsamen Teiler von 30 und 105 sind 1, 3, 5 und 15.
Die gemeinsamen Teiler von 54 und 42 sind 1, 2, 3 und 6.

2
a)

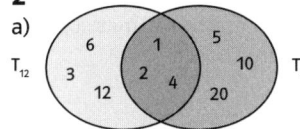

b)

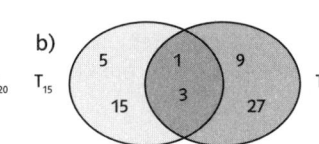

c)

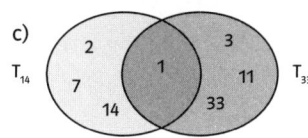

3

a) V_{12} = {12, 24; 36; 48; 60; 72; 84; 96; …}
V_{15} = {15; 30; 45; 60; 75; 90; …}
Gemeinsames Vielfaches unter 100 : 60.
Weitere Vielfache sind 2 · 60 = 120; 3 · 60 = 180; …
b) V_{14} = {14; 28; 42; 56; 70; 84; 98; …}
V_{20} = {20; 40; 60; 80; 100; …}
Keine gemeinsamen Vielfachen unter 100.
Kleinstes gemeinsames Vielfaches: 140
c) V_{18} = {18; 36; 54; 72; 90; …}
V_{24} = {24; 48; 72; 96; …}
Gemeinsame Vielfache, die kleiner als 100 sind : 72.
Weitere Vielfache sind: 2 · 72 = 144; 3 · 72 = 216; …
d) V_{16} = {16; 32; 48; 64; 80; 96; …}
V_{48} = {48; 96; …}
Gemeinsame Vielfache kleiner als 100 : 48; 96.
Weitere Vielfache sind: 144; 192; 240; …

4

b) 35 wegstreichen
c) 95 wegstreichen und durch 85 ersetzen
d) 30 wegstreichen
e) 4 wegstreichen
f) 8 wegstreichen und durch 9 ersetzen
g) 1 hinzufügen
h) „und weitere" bzw. „…" hinzufügen

5

T_{112} = {1; 2; 4; 7; 8; 14; 16; 28; 56; 112}
T_{64} = {1; 2; 4; 8; 16; 32; 64}
Die Planen müssen in der Größe 16 m x 16 m angefertigt werden. Dann braucht man 4 Planen in der Breite und 7 Planen in der Länge, um den Sportplatz abzudecken.

Teilbarkeitsregeln, Seite 4

1

a) 50; 52; 54; 56; 58
b) 52; 56; 60; 64; 68
c) 50; 55; 60; 65; 70
d) 50; 60; 70; 80; 90

2

	46	60	110	96	107	55
teilbar durch 2	x	x	x	x		
teilbar durch 4		x		x		
teilbar durch 5		x	x			x
teilbar durch 6		x		x		

3

	Quersumme	teilbar durch 3	teilbar durch 9
1434	1 + 4 + 3 + 4 = 12	x	
2637	2 + 6 + 3 + 7 = 18	x	x
13 245	1 + 3 + 2 + 4 + 5 = 15	x	
43 748	4 + 3 + 7 + 4 + 8 = 26		
538 467	5 + 3 + 8 + 4 + 6 + 7 = 33	x	
1 478 691	1 + 4 + 7 + 8 + 6 + 9 + 1 = 36	x	x

4
Lösungswort: DENKSPORT

5

Wenn man alle Bereiche, die durch 4 oder 6 teilbar sind, angemalt hat, dann kann man „GUT!" lesen.

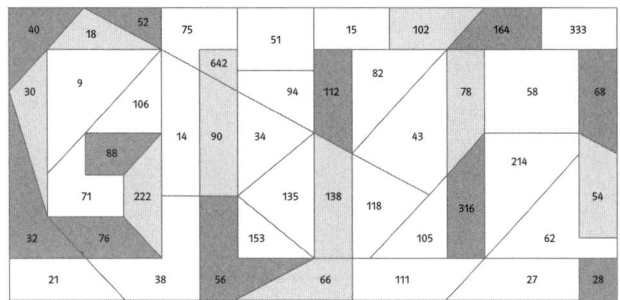

Primzahlen, Seite 5

1

1	②	③	4̶	⑤	6̶	⑦	8̶	9̶	1̶0̶
⑪	1̶2̶	⑬	1̶4̶	1̶5̶	1̶6̶	⑰	1̶8̶	⑲	2̶0̶
2̶1̶	2̶2̶	㉓	2̶4̶	2̶5̶	2̶6̶	2̶7̶	2̶8̶	㉙	3̶0̶
㉛	3̶2̶	3̶3̶	3̶4̶	3̶5̶	3̶6̶	㊲	3̶8̶	3̶9̶	4̶0̶
㊶	4̶2̶	㊸	4̶4̶	4̶5̶	4̶6̶	㊼	4̶8̶	4̶9̶	5̶0̶
5̶1̶	5̶2̶	㊾	5̶4̶	5̶5̶	5̶6̶	5̶7̶	5̶8̶	㊿	6̶0̶
㉛	6̶2̶	6̶3̶	6̶4̶	6̶5̶	6̶6̶	㊪	6̶8̶	6̶9̶	7̶0̶
㋆	7̶2̶	㋂	7̶4̶	7̶5̶	7̶6̶	7̶7̶	7̶8̶	㋍	8̶0̶
8̶1̶	8̶2̶	㋂	8̶4̶	8̶5̶	8̶6̶	8̶7̶	8̶8̶	㉥	9̶0̶
9̶1̶	9̶2̶	9̶3̶	9̶4̶	9̶5̶	9̶6̶	㊲	9̶8̶	9̶9̶	1̶0̶0̶

2

13 ist kein Teiler von 36;
alle Zahlen teilen 51;
4 und 12 sind keine Teiler von 102;
11; 33 und 57 sind keine Teiler von 333;
alle Zahlen teilen 512.

3

3 teilt 34 818 und 34 878;   2 teilt 12 000 und 12 008;
5 teilt 10 005 und 19 005;   4 teilt 2 404 und 2 484;
9 teilt 576 und 9 576.

4

Der Mathematiker heißt EUKLID.

5

Lena ist heute 16 Jahre alt, ihr Bruder 11 Jahre.

Gemeinsame Teiler und gemeinsame Vielfache, Seite 6

1

a) 6,72   b) 14,84   c) 1,135   d) 3,462

2

ggT	12	25	64	200
10	2	5	4̶ 2	10
16	8̶ 4	2̶ 1	16	8
24	12	1	8	4̶8̶ 8

kgV	12	25	36	140
5	5̶0̶ 60	25	180	140
28	84	700	2̶5̶2̶ 72	2̶8̶0̶ 140
60	60	6̶0̶0̶ 300	180	700

3

Die Quartette sind: 9, 12, 3, 36;   10, 15, 5, 30;
14, 35, 7 (muss eingesetzt werden), 70

4

a) a = 13; 12 Stück   b) a = 7; 40 Stück   c) a = 19; 6 Stück

5

Nacheinander werden eingesetzt:
Harry; 150; 60; 300; 6; 20; 15

6

Der linke Clown dreht sich 5 Mal; dann macht der mittlere Clown 3 und der rechte Clown 2 Umdrehungen.

Teilbarkeit | Merkzettel, Seite 7

Das Lösungswort lautet: MIT FREUNDEN TEILEN

Bruchteile erkennen und darstellen, Seite 8

1

Von links nach rechts: $\frac{1}{4}$; $\frac{4}{6}$; $\frac{3}{8}$; $\frac{3}{6}$; $\frac{8}{12}$; $\frac{8}{16}$; $\frac{2}{8}$ und $\frac{6}{8}$.

2

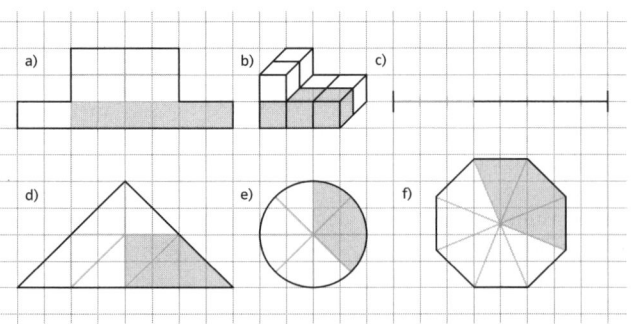

3

Wenn man davon ausgeht, dass die ganz verdeckten Würfel nicht gefärbt sind:

a) $\frac{2}{10}$ b) $\frac{3}{10}$ c) $\frac{2}{10}$

d) $\frac{6}{8}$ e) $\frac{3}{10}$ f) $\frac{2}{14}$

g) $\frac{8}{12}$ h) $\frac{1}{7}$

4

Der Kuchen wird in 12 Teile geteilt:
Petra bekommt 1 Stück, Claas 2 Stücke, Ludger 3 Stücke, Lara 4 Stücke und Sören 2 Stücke.

a) Es sind insgesamt 12 Stücke.

b) Anteil von Petra $\frac{1}{12}$;   Anteil von Lara $\frac{4}{12}$

Anteil von Claas $\frac{2}{12}$ Anteil von Sören $\frac{2}{12}$

Anteil von Ludger $\frac{3}{12}$

5

a) bereits gemäht: $\frac{33}{60}$

b) Der Rasen ist $\frac{60}{72}$ der gesamten Gartenfläche.

Brüche und Anteile (1), Seite 9

1

a) Ein Viertel sind 0,5 m (1 cm). Drei Viertel sind 1,5 m (3 cm).

b) Ein Achtel sind 0,125 l = 125 ml. Sieben Achtel sind 0,875 l = 875 ml.

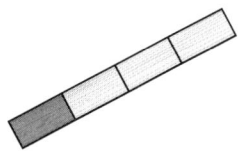

c) Teile die Platte in fünf gleich große Streifen (0,5 cm x 4 cm). Ein Fünftel ist 0,2 m^2 (ein Streifen). Vier Fünftel sind 0,8 m^2 (vier Streifen).

d) Teile den Quader in drei gleich große Quader. Ein Drittel ist ca. 0,333 kg = 333 g (drei Lagen). Zwei Drittel sind ca. 0,667 kg = 667 g (sechs Lagen)

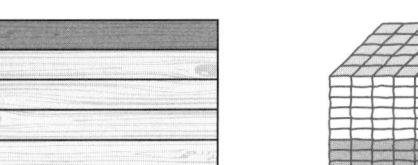

2

1) 50 cm   2) 15 min   3) 1 kg   4) 500 g
5) 14 Kinder   6) 30 min   7) 5 cm   8) 5 Kinder

Die Angabe 200 g bleibt übrig. z. B.: Für ein halbes Kilogramm Mehl benötigt man beim Backen ein fünftel Kilogramm Zucker.

3

a) 100 g Käse enthalten: 30 g Fett, 25 g Kuhmilch, 20 g Ziegenmilch.

b) 200 g Äpfel enthalten: 10 g Zucker, 170 g Wasser, 1 g Mineralstoffe.

c) 450 g Salami enthalten: 150 g Schweinefleisch, 100 g Rindfleisch, 135 g Speck.

d) 300 g Chips enthalten: 150 g Kohlenhydrate, 105 g Fett, 18 g Eiweiß.

4

Sprichwort: An apple a day keeps the doctor away.

Brüche und Anteile (2), Seite 10

1

a) $\frac{2}{3} = \frac{6}{9}$ b) $\frac{2}{5} = \frac{4}{10}$ c) $\frac{3}{2} = \frac{30}{20}$

2

Lösungswort: PIZZERIA

3

a) $\frac{10}{24}$;   b) $\frac{8}{12}$;   c) $\frac{5}{9}$;   d) $\frac{4}{10}$

4

a) $\frac{1}{4} = \frac{4}{16}$; $\frac{3}{7} = \frac{12}{28}$ (richtig)

b) $\frac{30}{150} = \frac{3}{15} = \frac{1}{5}$; $\frac{3}{29} = \frac{3}{29}$ (richtig)

c) $\frac{4}{32} = \frac{2}{16}$ (richtig); $\frac{3}{8} = \frac{6}{16}$ (richtig)

d) $\frac{36}{48} = \frac{12}{16}$; $\frac{4}{15} = \frac{12}{45}$

5

Zu unterstreichen sind:

a) $\frac{8}{12}$; $\frac{12}{14}$; $\frac{9}{15}$

b) $\frac{9}{12}$; $\frac{20}{30}$; $\frac{27}{18}$; $\frac{15}{35}$; $\frac{13}{26}$

c) $\frac{15}{25}$; $\frac{40}{36}$; $\frac{38}{18}$

d) $\frac{3}{75}$; $\frac{8}{70}$

In Teilaufgabe b) sind die meisten kürzbaren Brüche.

6

Laurence hat Recht. Valerie nicht. Das Punkteverhältnis ist beide Male 4:5.

Brüche und Anteile (3), Seite 11

1

b) $\frac{4}{7}$ c) $\frac{3}{9}$ d) $\frac{32}{56}$ e) $\frac{42}{54}$ f) $\frac{6}{8}$

g) $\frac{25}{40}$ h) $\frac{5}{9}$ i) $\frac{2}{6}$ j) $\frac{21}{33}$ k) $\frac{27}{63}$

l) $\frac{3}{11}$ m) $\frac{70}{120}$ n) $\frac{7}{12}$ o) $\frac{9}{10}$ p) $\frac{15}{27}$

q) $\frac{21}{77}$ r) $\frac{15}{20}$

Wenn man die Punkte in der Reihenfolge der Lösungen miteinander verbindet, so entsteht ein Schwan.

2

Die Brüche bei a), c), d), e) und h) sind gleichwertig; in den Teilaufgaben b), f) und g) sind sie nicht gleichwertig.

3

a) $\frac{12}{30}$ und $\frac{5}{30}$ b) $\frac{9}{36}$ und $\frac{28}{36}$

c) $\frac{21}{56}$ und $\frac{40}{56}$ d) $\frac{8}{12}$ und $\frac{9}{12}$

e) $\frac{6}{15}$ und $\frac{5}{15}$ f) $\frac{6}{12}$ und $\frac{10}{12}$

4

b) $\frac{3}{5}$ c) $\frac{3}{8}$ d) $\frac{4}{9}$ e) $\frac{1}{5}$

f) $\frac{7}{8}$ g) $\frac{7}{20}$ h) $\frac{4}{5}$ i) $\frac{5}{11}$

5

Lösungswort: GLEICHWERTIG

6

Torges Streichholz hat $\frac{5}{6} = \frac{10}{12}$ der ursprünglichen Länge, Jeltos $\frac{2}{3} = \frac{8}{12}$ der ursprünglichen Länge, Feemkes $\frac{3}{4} = \frac{9}{12}$ und Jans $\frac{10}{12}$. Da Jelto das kürzeste Streichholz gezogen hat, muss er das Eis holen.

Größenvergleich bei Brüchen, Seite 12

1

a) <   b) >   c) >   d) >
e) >   f) <   g) <   h) <

2

a) 0,75 < 6,029 < 6,092 < 6,209 < 7,05 < 7,5 < 7,75
b) 5,013 > 3,501 > 0,531 > 0,513 > 0,315 > 0,153

3

b) $\frac{7}{16} < \frac{2}{4} (= \frac{8}{16})$
c) $\frac{3}{7} (= \frac{9}{21}) < \frac{10}{21}$
d) $\frac{7}{12} (= \frac{14}{24}) < \frac{5}{8} (= \frac{15}{24})$

4

a) $\frac{8}{12} = \frac{8}{12}$ b) $\frac{15}{25} > \frac{14}{25}$ c) $\frac{5}{15} > \frac{3}{15}$
d) $\frac{16}{28} < \frac{21}{28}$ e) $\frac{8}{18} > \frac{3}{18}$ f) $\frac{21}{56} < \frac{40}{56}$

5

a) $\frac{1}{2} < 0,83 < 1$ b) $0 < \frac{1}{3} < 0,5$ c) $2 < \frac{8}{3} < 3$
d) $\frac{3}{2} > \frac{10}{7} > 1$ e) $\frac{3}{2} < 1,6 < 2$ f) $5 > \frac{9}{2} > 3$

6

a) $\frac{9}{40} < 0,375 < 0,4 < \frac{9}{20} < \frac{1}{2} < 70\,\% < \frac{3}{4} < \frac{1}{1}$
b) $\frac{1}{1} > 0,75 > \frac{2}{3} > \frac{7}{12} > 0,5 > \frac{3}{8} > \frac{7}{24} > \frac{1}{6}$

7

Auf Bild A ist mit $\frac{4}{8}$ der Anteil der dunkelorangen Gummihäschen geringer als auf Bild C mit $\frac{5}{12}$.

Der Anteil der hellorangen Gummihäschen ist mit $\frac{3}{8}$ auf Bild A am größten. Der Anteil der weißen Gummihäschen ist auf Bild A mit $\frac{1}{8}$ am geringsten und auf Bild C mit $\frac{1}{3}$ am größten. Der kleinste Anteil an hellorangen Gummihäschen ist mit $\frac{1}{4}$ auf Bild C zu erkennen. Der Anteil der dunkelorangen Gummihäschen ist mit $\frac{1}{2}$ auf Bild A und Bild B gleich groß.

Hättest du lieber die Gummihäschen von Bild A, B oder C?

Antwort: individuelle Entscheidung

Brüche am Zahlenstrahl, Seite 13

1

a) S

b) T

c) E

d) R

e) N

2

a) 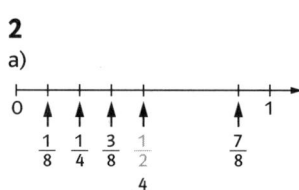   b)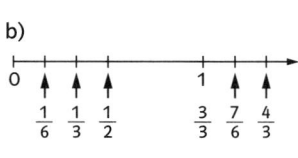

c)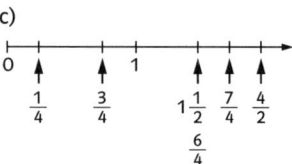

3

a) $\frac{1}{4}; \frac{3}{4}; \frac{5}{4}$ b) $\frac{1}{2}; \frac{5}{4}; \frac{7}{4}$ c) $\frac{1}{8}; \frac{5}{8}; \frac{3}{4}$ d) $\frac{1}{2}; \frac{2}{3}; \frac{11}{12}$

4

Die meisten Einträge sind bei

a) $\frac{1}{3}$ und $\frac{1}{2}$ b) $\frac{3}{4}$

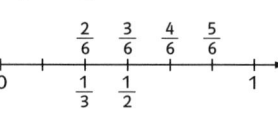   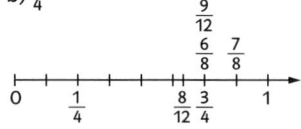

c) 1   d) $\frac{2}{3}$

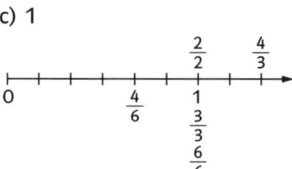   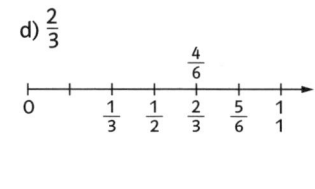

5

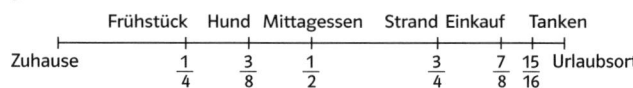

6

Planet	Sonnenabstand im Verhältnis der Sonne zum Pluto	in der Zeichnung
Venus	ein Fünfzigstel	2 mm
Neptun	drei Viertel	75 mm
Mars	vier Hundertstel	4 mm
Erde	drei Hundertstel	3 mm
Uranus	ein Halb	50 mm
Saturn	ein Viertel	25 mm
Jupiter	dreizehn Hundertstel	13 mm
Merkur	ein Hundertstel	1 mm

Reihenfolge:
„**M**ein **V**ater **e**rklärt **m**ir **j**eden **S**amstag **u**nsere **n**eun **P**laneten."

Addieren und Subtrahieren von Brüchen (1), Seite 14

1
a) $\frac{7}{8}$ b) $\frac{11}{12}$

2
a) $\frac{11}{12}$ b) $\frac{1}{5} + \frac{1}{2} = \frac{2}{10} + \frac{5}{10} = \frac{7}{10}$
c) $\frac{4}{5} - \frac{2}{3} = \frac{12}{15} - \frac{10}{15} = \frac{2}{15}$ d) $\frac{6}{7} - \frac{3}{4} = \frac{24}{28} - \frac{21}{28} = \frac{3}{28}$

3
a) $\frac{9}{10}$ b) $\frac{13}{16}$ c) $\frac{7}{12}$ d) $\frac{4}{15}$ e) $\frac{8}{6} = 1\frac{1}{3}$
f) $\frac{7}{20}$ g) $\frac{49}{30} = 1\frac{19}{30}$ h) $\frac{8}{35}$ i) $\frac{17}{28}$ j) $\frac{49}{40} = 1\frac{9}{40}$

Lösungswörter: ATHEN; PARIS

Addieren und Subtrahieren von Brüchen (2), Seite 15

1
Leere Felder enthalten: $\frac{1}{3}$; $\frac{1}{6}$; $\frac{5}{12}$; + $\frac{1}{2}$; $\frac{2}{3}$; $\frac{8}{9}$; $\frac{23}{36}$; 1

2
a) r   b) f; $\frac{13}{18}$ c) f; $\frac{5}{22}$ d) r
e) r   f) f; $\frac{7}{30}$ g) r   h) f; $\frac{27}{28}$

Lösungswort: OSLO

3
a) Stand 1: $\frac{8}{15}$; Stand 2: $\frac{12}{16} = \frac{3}{4}$; Stand 3: $\frac{23}{36}$
b) Stand 2 hat am meisten übrig, Stand 1 am wenigsten
c) Stand 3 hat $\frac{4}{36} = \frac{1}{9}$ Pizza weniger verkauft als Stand 2.

4
a) $\frac{11}{12}$ b) $\frac{1}{6}$ c) $\frac{5}{12}$ d) $\frac{1}{6}$ e) $\frac{23}{60}$ f) $\frac{1}{12}$ g) $\frac{23}{30}$
h) $\frac{7}{18}$ i) $\frac{5}{12}$ j) $\frac{11}{30}$ k) $\frac{23}{60}$ l) $\frac{7}{60}$ m) $\frac{5}{18}$

Lösungswort: GEHEIMSCHRIFT

Dezimalbrüche, Seite 16

1
a)

10 €	1 €	10 ct	1 ct
	4	5	0
1	5	7	5
	4	0	5
		7	5
2	5	2	5

b)

100 kg	10 kg	1 kg	100 g	10 g	1 g
2	0	0	5		
7	5	0			
	5	0	0	5	0
				7	5
					2

2
a) Juan wiegt 38,75 kg und ist 1,35 m groß.
b) Das Klassenzimmer ist 2,84 m hoch.
c) Die neue Jeans kostet 45,99 €.
d) Der Schulweg ist 525 m lang.
e) Das Zimmer ist 4,25 m lang und 3,00 m breit.
f) Elena läuft 100 m in 15 s.

3
a) $\frac{3}{5}$ b) 40 %   c) 34 %   d) $\frac{7}{10}$ e) $\frac{11}{25}$
f) 65 %   g) 30 %   h) $\frac{9}{100}$ i) 21 %   j) $\frac{23}{25}$

4
a) 0,8   b) $\frac{7}{10}$ c) $\frac{6}{100}$ od. $\frac{3}{50}$ d) 0,6   e) 0,16
f) $\frac{19}{50}$ g) $\frac{9}{20}$ h) 0,14   i) 0,375   j) $\frac{21}{20}$

5
a) $\frac{16}{25} = 64 \%$ b) $\frac{17}{20} = 85 \%$

6
a) $\frac{1}{2} = 50 \%$ b) $\frac{6}{24} = \frac{1}{4} = 25 \%$
c) 2 von 5 Buchstaben sind $\frac{2}{5} = 40 \%$

Addieren und Subtrahieren von Dezimalbrüchen, Seite 17

1
Man kann folgende Summen bzw. Differenzen finden:
4,475 + 5,525 = 10   234,002 − 1,002 = 233
0,0123 + 0,9877 = 1   14,870 − 3,87 = 11
4,9502 + 0,0498 = 5

2
a)

1	
0,25	+ 0,75
0,099	+ 0,901
0,1234	+ 0,8766

b)

100	
87,23	+ 12,77
1,11	+ 98,89
0,099	+ 99,901

c)

1000	
987,001	12,999
568,769	431,231
765,09	234,91

3
Die Dezimalstellen der Zahlen sind nicht richtig untereinander geschrieben. Die richtigen Ergebnisse sind:
a) 471,103   b) 816,51

4

a)
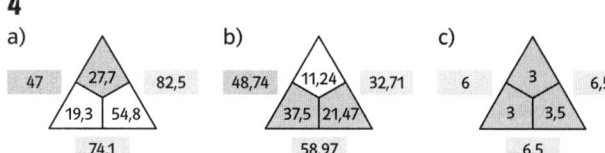

47 | 27,7 | 82,5
19,3 | 54,8
74,1

b) 48,74 | 11,24 | 32,71
37,5 | 21,47
58,97

c) 6 | 3 | 6,5
3 | 3,5
6,5

5

a) 1. Januar: 1765,233 m³   1. Februar: 1788,862 m³
1. März: 1801,021 m³   1. April: 1827,998 m³
b) 23,629 m³   c) 62,765 m³
d) März   e) 2016 m³

Runden und Überschlagen, Seite 18

1

Runde	62,235	0,091	23,887	50,005	9,991
auf die Einerstelle	62	0	24	50	10
auf zwei Nachkommaziffern	62,24	0,09	23,89	50,01	9,99
auf eine Nachkommaziffer	62,2	0,1	23,9	50,0	10,0
auf Zehner	60	0	20	50	10

2

b) richtig   c) falsch; 127 €
d) richtig   e) falsch; 3995 ha
f) falsch; 654,87 kg

3

	Kleinste mögliche Zahl	Gerundete Zahl	Größtmögliche Zahl
a)	7,75	7,8	7,84
b)	8,85	8,9	8,94
c)	123,365	123,37	123,374
d)	99,985	99,99	99,994
e)	12,0045	12,005	12,0054

4

a) Ja   b) Ja   c) Nein   d) Ja   e) Nein

5

Rang	Stadt	Einwohner in Mio.
1	Berlin	3,39
2	Hamburg	1,73
3	München	1,25
4	Köln	0,97
5	Stuttgart	0,59
6	Dortmund	0,59
7	Leipzig	0,50
8	Dresden	0,49
9	Kiel	0,23
10	Rostock	0,20

Brüche und Dezimalbrüche | Merkzettel, Seite 19

Lösungssatz: MIT FREU(N)DEN TEILEN

Kreise und Kreisfiguren, Seite 20

1

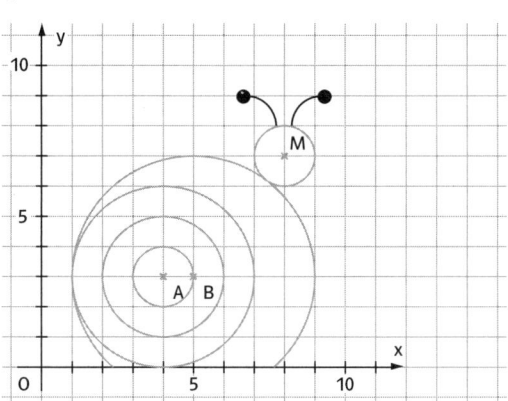

2

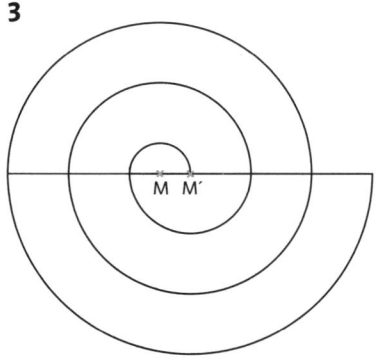

a) 23 Nüsse liegen in einem Umkreis von 3 m von seinem Baum. Die restlichen Nüsse liegen außerhalb.
b) Um 14 Nüsse zusammenzubekommen, muss es bis zu einem Abstand von 2 m suchen.

3

Die Radien sind 0,5 cm; 1 cm; 1,5 cm; 2 cm; 2,5 cm; 3 cm usw. Die Mittelpunkte sind abwechselnd M und M'.

4

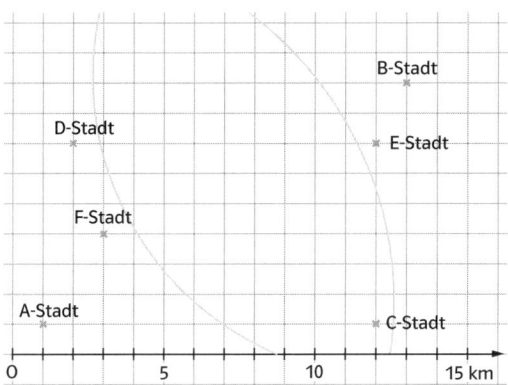

Sie treffen sich in C-Stadt.

5

Zeichne die Halbkreise, aus denen das Muster besteht.

Winkel, Seite 21

1

a) spitzer Winkel; 30°; andere Beispiele: 25°; 45°; 75°
b) rechter Winkel; nur 90°
c) stumpfer Winkel; 120°; andere Beispiele: 93°; 110°; 155°
d) gestreckter Winkel; nur 180°
e) überstumpfer Winkel; 225°; andere Beispiele: 183°; 302°; 336°
f) Vollwinkel; nur 360°

2

Lösungswort: DARDNIW, rückwärts gelesen: WINDRAD

3

a) 18°
b) B: 16°; C: 23°; D: 16°
c) Spieler C hat die besten Chancen, das Tor zu treffen, da er unter dem größten Winkel das Tor treffen kann.
d) Wenn Spieler A sich dem Tor nähert, so wird der Winkel größer, unter dem er das Tor treffen kann. Damit erhöhen sich auch seine Torchancen.

Winkelgrößen, Seite 22

1

a)

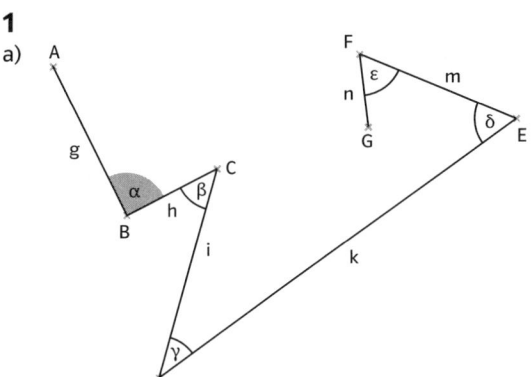

b) α = ⊰ CBA; β = ⊰ BCD; γ = ⊰ EDC; δ = ⊰ FED; ε = ⊰ GFE

2

a) Der Kreis wird in 360 gleiche 1°-Winkel geteilt.
b) 360° : 2 = 180°; 360° : 3 = 120°; 360° : 4 = 90°; 360° : 5 = 72°;
   360° : 10 = 36°; 360° : 12 = 30°.

3

a) A
b) 170°, M
c) I
d) 65°, R
e) 80°, P

4

a) 65° b) 109°

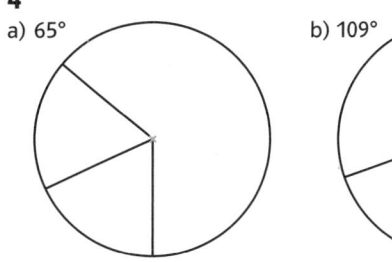

5

Die gezeichneten Winkel sind 100°, 45°, 20°, 75° und 120°.

Messen und Zeichnen von Winkeln, Seite 23

1

a) α = 45°; β = 45°; γ = 90°
b) α = 110°; β = 55°; γ = 125°; δ = 70°
c) α = 60°; β = 75°; γ = 90°; δ = 135°

2

a) Lösungswort: GITTER
b) Lösungswort: WINKEL

3

1 Kästchen in der Zeichnung entspricht 10 m.
a) Der Turm ist 90 m hoch.
b) 45 m. Lösungshinweis: Zeichne am Endpunkt des Schattens einen Winkel von 60°. Verschiebe den Schenkel dann parallel so, dass er durch die Turmspitze geht.
c) Wenn die Sonne hoch am Himmel und senkrecht über der Turmspitze steht, dann wirft der Turm keinen Schatten. Dieser Fall kommt in Gegenden zwischen dem nördlichen und dem südlichen Wendekreis vor, aber nicht in unseren Breiten.

Figuren aus Kreisen und Winkeln, Seite 24

1

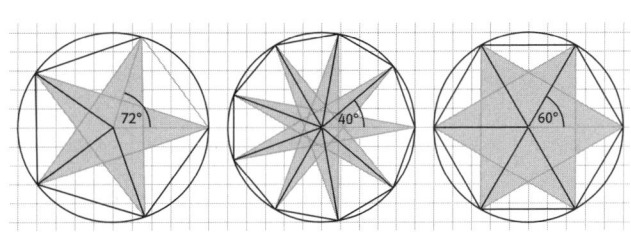

2

Vervollständige das Mandala.

3

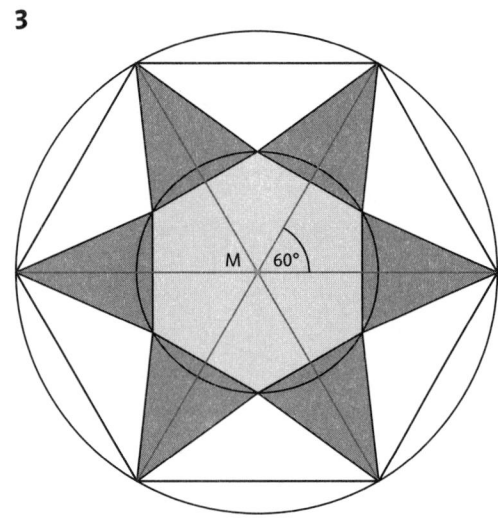

Kreis und Winkel | Merkzettel, Seite 25

Lösungssatz: MAGST DU GEOMETRIE?

Üben und Wiederholen | Training 1, Seite 26

1

	60	124	888	98	576	90
Teilbar durch 2	x	x	x	x	x	x
Teilbar durch 3	x		x		x	x
Teilbar durch 4	x	x	x		x	
Teilbar durch 5	x					x
Teilbar durch 9					x	x

2

a) 12 m b) 36 g c) 35 € d) 16 l
e) 42 t f) 24 h g) 49 Jahre h) 2 m²

3

a) 3 Dreiecke werden gefärbt.
b) 2 Streifen werden gefärbt.
c) 6 Rechtecke werden gefärbt.

4

grau: $\frac{14}{36} = \frac{7}{18}$; orange: $\frac{12}{36} = \frac{1}{3}$; hellorange: $\frac{10}{36} = \frac{5}{18}$

5

a) $\frac{18}{42}$ b) $\frac{7}{16}$ c) $\frac{2}{7}$ d) $\frac{28}{36}$ e) $\frac{36}{45}$
f) $\frac{3}{11}$ g) $\frac{10}{55}$ h) $\frac{42}{48}$ i) $\frac{3}{5}$ j) $\frac{24}{32}$
k) $\frac{4}{8}$ l) $\frac{2}{6}$

6

	$\frac{12}{27}$	$\frac{30}{48}$	$\frac{3}{7}$	$\frac{10}{16}$	$\frac{21}{49}$
$\frac{5}{8}$		x		x	
$\frac{4}{9}$	x				
$\frac{55}{88}$		x		x	
$\frac{9}{21}$			x		x

7

	a)	b)	c)	d)	e)	f)	g)
Dezimalbruch	0,8	0,5	0,24	0,25	0,75	0,025	0,125
Bruch mit Nenner 10, 100, 1000	$\frac{8}{10}$	$\frac{5}{10}$	$\frac{24}{100}$	$\frac{25}{100}$	$\frac{75}{100}$	$\frac{25}{1000}$	$\frac{125}{1000}$
Gekürzter Bruch	$\frac{4}{5}$	$\frac{1}{2}$	$\frac{6}{25}$	$\frac{1}{4}$	$\frac{3}{4}$	$\frac{1}{40}$	$\frac{1}{8}$

8

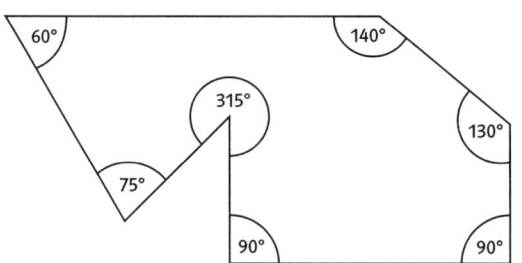

Winkel: 60°, 75°, 315°, 90°, 90°, 130°, 140°

9

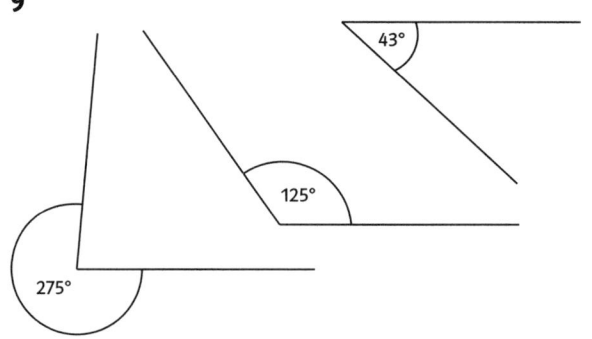

Vervielfachen und Teilen von Brüchen, Seite 27

1

a) $\frac{8}{9}$ b) $\frac{12}{5} = 2\frac{2}{5}$

2

Lösungswort: GUATEMALA

3

a) $\frac{6}{7} : 3 = \frac{6 : 3}{7} = \frac{2}{7}$

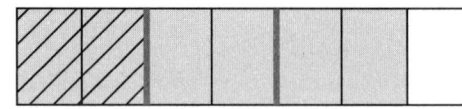

b) $\frac{5}{7} : 2 = \frac{5}{7 \cdot 2} = \frac{5}{14}$

4

$\frac{3}{5} : 3 = \frac{1}{5}$; $\frac{5}{7} : 10 = \frac{1}{14}$; $\frac{22}{27} : 11 = \frac{2}{27}$; $\frac{1}{3} : 9 = \frac{1}{27}$;
$\frac{3}{7} : 2 = \frac{3}{14}$; $\frac{8}{9} : 3 = \frac{8}{27}$; $\frac{6}{7} : 2 = \frac{3}{7}$; $\frac{8}{11} : 4 = \frac{2}{11}$

5

a) 10 min b) 50 g c) 5 s d) 375 ml e) 100 m

6

Von links nach rechts errechnet man folgende Zahlen:

$\frac{2}{7}; \frac{2}{35}; \frac{12}{35}; \frac{3}{35}; \frac{9}{35}; \frac{1}{35}; \frac{5}{35} = \frac{1}{7}; \frac{3}{7}; : 4$

Multiplizieren von Brüchen (1), Seite 28

1

a) $\frac{10}{18}$

b) $\frac{9}{20}$

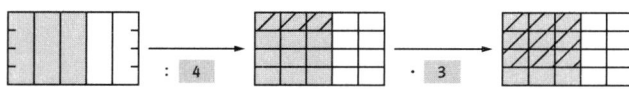

c) $\frac{2}{15}$

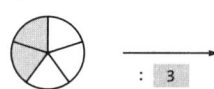

2

b) $\frac{7 \cdot \cancel{8}}{\cancel{8} \cdot 9} = \frac{7}{9}$

c) $\frac{2 \cdot \cancel{3} \cdot 4}{7 \cdot \cancel{3} \cdot 3} = \frac{8}{21}$

d) $\frac{1 \cdot \cancel{3} \cdot 3}{4 \cdot \cancel{3} \cdot 5} = \frac{3}{20}$

e) $\frac{3 \cdot \cancel{4} \cdot 2}{\cancel{4} \cdot 5 \cdot \cancel{3}} = \frac{2}{5}$

f) $\frac{2 \cdot \cancel{5} \cdot 2 \cdot \cancel{3}}{3 \cdot \cancel{3} \cdot 3 \cdot \cancel{5}} = \frac{4}{9}$

g) $\frac{\cancel{7} \cdot \cancel{8} \cdot 2}{\cancel{8} \cdot 3 \cdot \cancel{7}} = \frac{2}{3}$

h) $\frac{5 \cdot \cancel{7} \cdot 3 \cdot \cancel{9}}{4 \cdot \cancel{9} \cdot 7 \cdot \cancel{7}} = \frac{15}{28}$

Lösungswort: SPASSBAD

3

a) $\frac{1}{6}$ h

b) $\frac{1}{8}$ kg

c) $\frac{1}{8}$ m

d) $\frac{2}{5}$ l

4

a) $\frac{2}{3} \cdot \frac{3}{4}$ l $= \frac{1}{2}$ l. Es ist noch $\frac{1}{2}$ l Schorle in der Flasche.

b) $\frac{1}{8} \cdot \frac{1}{6} = \frac{1}{48}$. Die Möhren werden in $\frac{1}{48}$ des Gartens angepflanzt.

$\frac{1}{48} \cdot 240\,m^2 = 5\,m^2$. Das ist eine Fläche von $5\,m^2$.

5

Richtig ist:

a) $\frac{4 \cdot 5}{9 \cdot 9} = \frac{20}{81}$

b) $\frac{3 \cdot 2}{5} = \frac{6}{5}$

c) $\frac{\cancel{3} \cdot 7}{4 \cdot \cancel{3} \cdot 3} = \frac{7}{12}$

6

a) 4

b) 32

c) 9

d) $\frac{5}{7}$

e) Im Nenner: 5; Im Zähler: 12

f) 42

Multiplizieren von Brüchen (2), Seite 29

1

b) $\frac{1}{20}$

c) $\frac{3}{4} \cdot \frac{5}{7} = \frac{15}{28}$

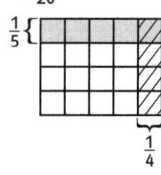

2

a) $\frac{3}{5} \cdot \frac{2}{5} = \frac{6}{25}$

b) $\frac{3}{7} \cdot \frac{3}{4} = \frac{9}{28}$

c) $\frac{5}{6} \cdot \frac{2}{3} = \frac{10}{18} = \frac{5}{9}$

3

a) $1\frac{1}{2}$

b) $2\frac{1}{6}$

c) $\frac{9}{20}$

d) $\frac{9}{55}$

e) $\frac{9}{25}$

f) $\frac{1}{14}$

g) 15

h) $2\frac{2}{3}$

Lösungswort: CHAMPION

4

Eingesetzt werden der Reihe nach:

$\frac{5}{2}; \frac{1}{6}; \frac{1}{12}; \frac{2}{3}; \frac{1}{3}; \frac{4}{3}; \frac{2}{9}; \frac{4}{7}; \frac{2}{7}; 2; \frac{5}{8}; \frac{7}{8}; \frac{2}{5}; \frac{5}{2}$

5

Kinder: 2 h = 120 min   Großeltern: $2\frac{1}{12}$ h = 125 min

Dividieren von Brüchen (1), Seite 30

1

Auf dem Regelzettel wird ergänzt: Umkehrbruch

b) $\frac{1}{4} \cdot \frac{2}{3} = \frac{1}{6}$

c) $\frac{3}{5} \cdot \frac{7}{2} = \frac{21}{10} = 2\frac{1}{10}$

d) $\frac{4}{5} \cdot \frac{3}{7} = \frac{12}{35}$

e) $\frac{2}{9} \cdot \frac{10}{1} = \frac{20}{9} = 2\frac{2}{9}$

f) $\frac{7}{11} \cdot \frac{2}{9} = \frac{14}{99}$

2

b) $\frac{48}{49} \cdot \frac{35}{66} = \frac{\cancel{6} \cdot 8 \cdot 5 \cdot \cancel{7}}{\cancel{7} \cdot 7 \cdot \cancel{6} \cdot 11} = \frac{40}{77}$

c) $\frac{42}{45} \cdot \frac{63}{14} = \frac{6 \cdot 7 \cdot \cancel{9} \cdot \cancel{7}}{5 \cdot \cancel{9} \cdot 2 \cdot \cancel{7}} = \frac{42}{10} = 4\frac{1}{5}$

d) $\frac{90}{91} \cdot \frac{7}{15} = \frac{6 \cdot \cancel{15} \cdot \cancel{7}}{\cancel{7} \cdot 13 \cdot \cancel{15}} = \frac{6}{13}$

3

a) $\frac{2}{3}$

b) $\frac{1}{6}$

c) $\frac{2}{1}$

d) $\frac{4}{3}$

e) $\frac{1}{4}$

f) $\frac{5}{36}$

4

$3\frac{1}{2} : 4 = \frac{7}{2} : 4 = \frac{7}{8}$ Für jedes Mädchen bleibt $\frac{7}{8}$ einer Pizza übrig.

5

a) $\frac{9}{16} : \frac{3}{8} = \frac{9}{16} \cdot \frac{8}{3} = \frac{3}{2}$

b) $\frac{6}{35} : \frac{2}{7} = \frac{6}{35} \cdot \frac{7}{2} = \frac{3}{5}$

6

b) $\frac{7}{3} \cdot \frac{2}{7} = \frac{\cancel{7} \cdot 2}{3 \cdot \cancel{7}} = \frac{2}{3}$

c) $\frac{9}{5} \cdot \frac{10}{3} = \frac{3 \cdot \cancel{3} \cdot 2 \cdot \cancel{5}}{\cancel{5} \cdot \cancel{3}} = \frac{6}{1} = 6$

d) $\frac{8}{9} \cdot \frac{3}{4} = \frac{2 \cdot \cancel{4} \cdot \cancel{3}}{3 \cdot \cancel{3} \cdot \cancel{4}} = \frac{2}{3}$

Dividieren von Brüchen (2), Seite 31

1

a) 3; 4; 5; 6

b) $\frac{3}{10}; \frac{2}{5}; \frac{1}{2}; \frac{3}{5}$

c) $\frac{4}{21}; \frac{1}{7}; \frac{4}{35}; \frac{2}{21}$

2

a) 28

b) 1,60 €

c) 12 km

3

a) $1\frac{1}{6}$

b) $1\frac{1}{2}$

c) $1\frac{1}{4}$

d) $1\frac{5}{6}$

e) $\frac{2}{3}$

f) $1\frac{2}{3}$

g) $1\frac{1}{3}$

$\frac{2}{3} < 1\frac{1}{6} < 1\frac{1}{4} < 1\frac{1}{3} < 1\frac{1}{2} < 1\frac{2}{3} < 1\frac{5}{6}$

Lösungswort: FRAKTUR

4

a) D - In den Freizeitpark möchten 20 Schüler.

b) E - Insgesamt waren es 45 Stück.

c) B - Es entspricht dem Bruchteil $\frac{1}{45}$ aller Schüler.

d) F - $\frac{1}{20}$ von $\frac{2}{3}$ ist $\frac{1}{30}$.

Zehnerpotenzen multiplizieren und dividieren, Seite 32

1

a) $0,98 \cdot 10^3 = 980$
$0,98 : 10$ (k)
c) $65,7 \cdot 10^4 : 1000 = 657$
$0,657 : 10^3$ (k)

b) $76,87 \cdot 1 = 76,87$
$76,87 \cdot 10^2 : 10\,000$ (k)

2

b) $: 10^6$　　c) $\cdot 10^5$　　d) $: 10^3$　　e) $\cdot 10^5$

3

a) >　　　　b) <　　　　c) =

4

a) 32　　b) 567 000　　c) 42,13　　d) 0,00001

5

a) 35 m　　　b) 2,75 m　　　c) 6 mm
d) 30 m　　　e) 3:1　　　　f) 1:5

6

b)

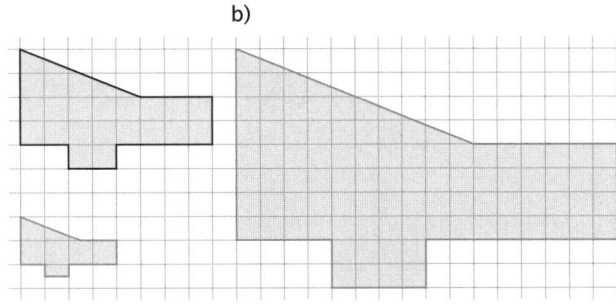

Multiplizieren von Dezimalbrüchen, Seite 33

1

a) $(42,62 - 15,44) \cdot 2 = 54,36$
b) Teile das Produkt von 4,5 und 5 durch 2,5. Ergebnis = 9
c) $(152 \cdot 2) \cdot 3\frac{1}{2} = 1064$
d) Wie groß ist das Fünffache der Summe der Zahlen
   4,82 und 3,04? Ergebnis = 39,3

2

a) 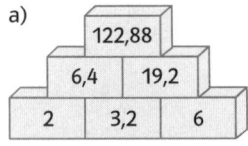　　　b)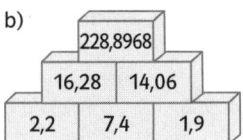

c)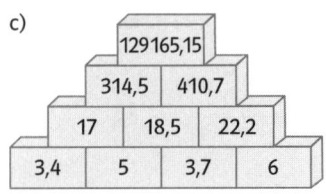

3

a)

	7,	0	9	·	5			7,	0	9	·	5
		3,	5	4	5				3	5,	4	5

b)

	3	4,	5	1	·	7,	8		3	4,	5	1	·	7,	8
		2	4	1,	5	7				2	4	1	5	7	
		2	7	6,	0	8	○			2	7	6	0	8	
		1								1					
		5	1	7,	5	5			2	6	9,	1	7	8	

4

a) Bei Wohnung 1 ist der Mietpreis günstiger, da
$82,5 \cdot 6,80 \,€ = 561\,€ < 608\,€.$
Bei Wohnung 2 ist der Quadratmeterpreis günstiger: 6,40 €.
b)

	Quadratmeterpreis	Wohnungspreis
München	8,44 €	717,40 €
Stuttgart	6,94 €	589,90 €
Köln	6,88 €	584,80 €
Dresden	5,27 €	447,95 €
Berlin-West	5,44 €	462,40 €
Berlin-Ost	5,38 €	457,30 €

c) Der teuerste Durchschnittswert für eine 85 m² große Wohnung
liegt mit 717,40 € in München. Der Unterschied zur günstigsten
Wohnung in Dresden beträgt 269,45 €.

Dividieren von Dezimalbrüchen, Seite 34

1

Mögliche Aufgaben sind:

2,4 : 0,5 = 4,8	1,8 : 0,5 = 3,6	0,5 : 0,5 = 1
2,4 : 5 = 0,48	1,8 : 5 = 0,36	0,5 : 5 = 0,1
2,4 : 2,5 = 0,96	1,8 : 2,5 = 0,72	0,5 : 2,5 = 0,2

2

a) Ü: 15 : 3 = 5;　　　　Ergebnis: 5
b) Ü: 420 : 6 = 70;　　　Ergebnis: 72,9
c) Ü: 360 : 1 = 360;　　Ergebnis: 303,5
d) Ü: 86 : 1 = 86;　　　Ergebnis: 69,5

3

:	4		0,1		2,5		0,8	
1	0,25	≈0,3	10	10,0	0,4	0,4	1,25	≈1,3
6,75	1,6875	≈1,7	67,5	67,5	2,7	2,7	8,4375	≈8,4
425,6	106,4	106,4	4256	4256,0	170,24	≈170,2	532	532,0
82,02	20,505	≈20,5	820,2	820,2	32,808	≈32,8	102,525	≈102,5

4

a) 2,5 m　　　　b) ca. 4,71 m　　　　c) 105 Stockwerke

Mittelwert, Seite 35

1
a) 216 cm
b) 1210 g

2
a) 22
b) 0
c) 15
d) 11

3
a) Das leichteste Paket wog 0,6 kg, das schwerste 4,8 kg.
b) Es wurden 8 Pakete abgeliefert.
c) 6 Pakete wogen unter 3 kg.
d) Das mittlere Gewicht betrug 2,375 kg.

4
a) 5,1 l; 5,4 l; 6,8 l; 7,3 l; 7,9 l; Mittelwert: 6,5 l
b) Mittelwert: 5,8 l
c) 3 Werte im Februar, 2 Werte im März

5
a) ungefähr 3487 g
b) 4   7   3
c) individuell

Periodische und abbrechende Dezimalbrüche, Seite 36

1
a) 0,3125

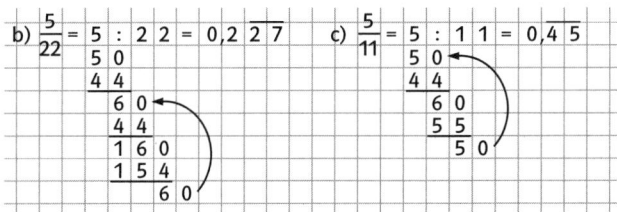

b) $\frac{5}{22}$ = 5 : 22 = 0,2$\overline{27}$

c) $\frac{5}{11}$ = 5 : 11 = 0,$\overline{45}$

2

0,3   0,167   0,14286   0,1212   1,364   0,54

3
b) $\frac{2}{15}$
c) $\frac{7}{90}$
d) 132

4

erweiterter Bruch	–	$\frac{25}{100}$	$\frac{20}{100}$	–	$\frac{125}{1000}$	–	–	$\frac{15}{100}$	$\frac{16}{100}$	–
Dezimalbruch	0,$\overline{3}$	0,25	0,2	0,1$\overline{6}$	0,125	0,$\overline{1}$	0,$\overline{09}$	0,15	0,16	0,0$\overline{1}$

5
a) 2 : 3 = 0,$\overline{6}$
b) 1 : 6 = 0,1$\overline{6}$
c) 4 : 9 = 0,$\overline{4}$
d) 2 : 15 = 0,1$\overline{3}$

6
a) 1,333… = 1,$\overline{33}$
b) 2,2$\overline{4}$ > 2,24
c) 1,03 < 1,0$\overline{3}$
d) 2,$\overline{17}$ < 2,1$\overline{7}$
e) 6,666… < 6,7
f) 3,99 < 3,$\overline{9}$
g) 4,1$\overline{2}$ < 4,123
h) 2,0$\overline{6}$ > 2,$\overline{06}$

7
a) $\frac{1}{11}$ = 0,$\overline{09}$; $\frac{2}{11}$ = 0,$\overline{18}$; $\frac{3}{11}$ = 0,$\overline{27}$; $\frac{4}{11}$ = 0,$\overline{36}$; $\frac{5}{11}$ = 0,$\overline{45}$; $\frac{6}{11}$ = 0,$\overline{54}$;
$\frac{7}{11}$ = 0,$\overline{63}$; $\frac{8}{11}$ = 0,$\overline{72}$; $\frac{9}{11}$ = 0,$\overline{81}$; $\frac{10}{11}$ = 0,$\overline{90}$; unter dem Periodenstrich stehen die entsprechenden Vielfachen von 9.

b) $\frac{1}{11}$ = 0,$\overline{09}$; $\frac{1}{111}$ = 0,$\overline{009}$; $\frac{1}{1111}$ = 0,$\overline{0009}$; $\frac{1}{11111}$ = 0,$\overline{00009}$; …; es kommt immer eine 1 und eine 0 hinzu.
$\frac{1}{7}$ = 0,$\overline{142857}$; $\frac{2}{7}$ = 0,$\overline{285714}$; $\frac{3}{7}$ = 0,$\overline{428571}$; $\frac{4}{7}$ = 0,$\overline{571428}$; $\frac{5}{7}$ = 0,$\overline{714285}$; $\frac{6}{7}$ = 0,$\overline{857142}$; die Ziffern der Periode werden zyklisch vertauscht.

Vorteilhaftes Rechnen, Seite 37

1
a) 22
b) 57,2
c) 16,2
d) 8,53
e) $\frac{5}{3}$
f) 0

2
a) 52,75 − 2,75 = 50
b) 98,05 − 1,05 = 97
c) 52,75 + 2,75 = 55,5
d) 21,58 − 4,08 − 17,50 = 0
e) 98,05 − 21,58 − 13,42 = 63,05
f) 52,75 − (2,75 − 1,05) = 51,05

3
a) (22,3 + 44,2) − 12,5 = 54
b) (44,87 − 13,18) − 31,69 = 0
c) $\frac{11}{6}$ − $\left(\frac{2}{3} + \frac{1}{4}\right)$ = $\frac{11}{12}$

4
a) Frau Müller hat in dieser Woche ungefähr 440 € ausgegeben. 260 € behält sie noch etwa zur Verfügung.
b) Sie hat genau 433 € ausgegeben und für den Monat Mai noch 267 € zur Verfügung.

Rechnen mit Brüchen und Dezimalbrüchen | Merkzettel, Seite 38

Lösungssatz: KEINE BRUCHLANDUNG BITTE!

Achsenspiegelung und Achsensymmetrie, Seite 39

1

2

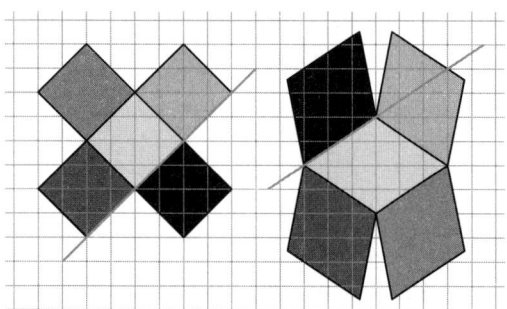

3

a)

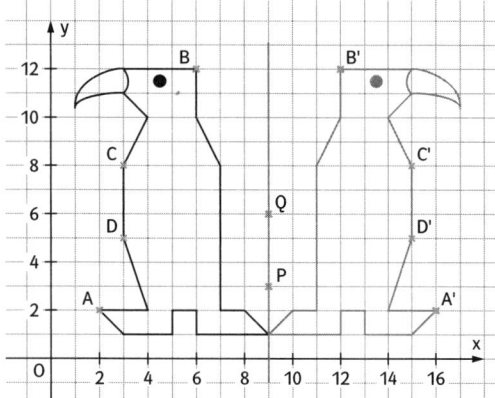

b) A' (16|2), B' (12|12), C' (15|8), D' (15|5)

4

a), b)

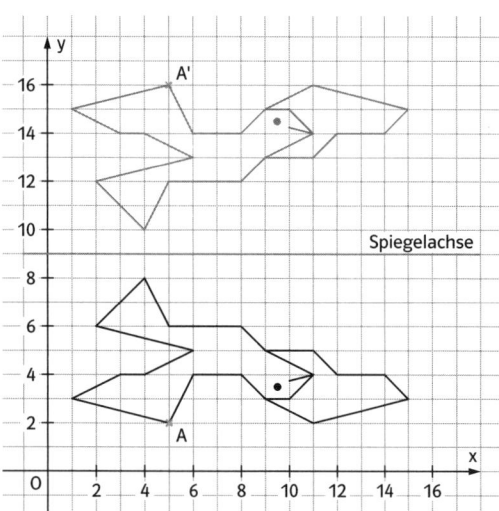

5

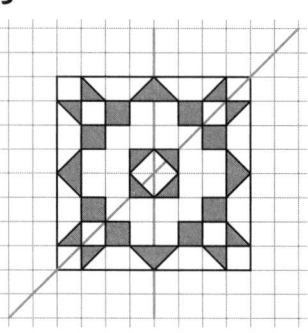

Punktspiegelung und Punktsymmetrie, Seite 40

1

a), b)

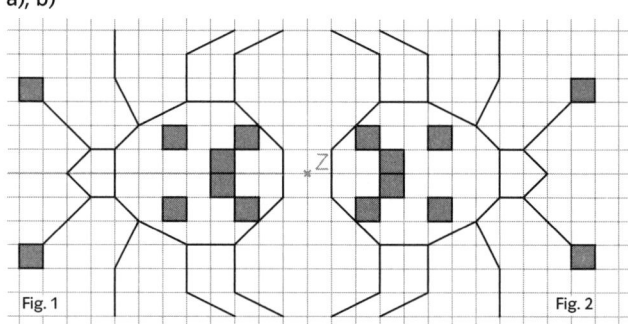

c) Figur 2 hätte man auch durch Achsenspiegelung an einer zur gegebenen Achse senkrechten Geraden, die durch Z verläuft, erhalten können.

2

	a)	b)	c)	d)	e)	f)	g)	h)
achsensymmetrisch	X	X	X	X	X		X	
punktsymmetrisch		X		X	X	X	X	X

3

b) Z(8|5)
e) Z'(12|6)

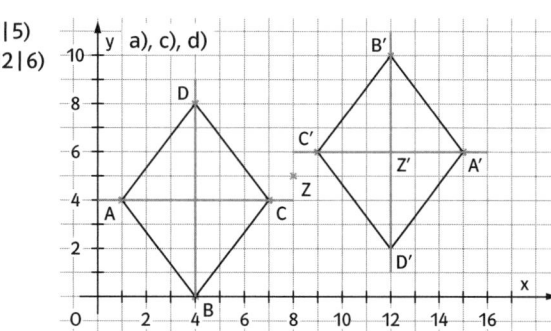

4

a)   b) ✗   c) ✗   d) ✗

     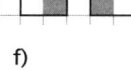   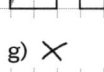

e) ✗   f)   g) ✗   h)

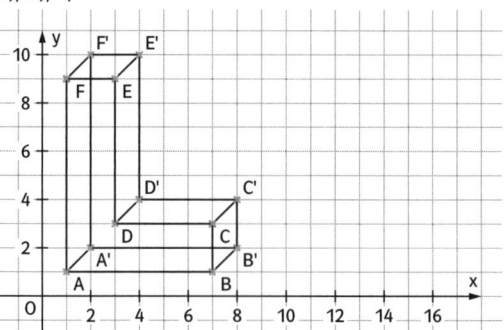

Er hat recht für b), c), d), e) und g)

Verschiebung und Verschiebungssymmetrie, Seite 41

1

a), b), c)

2

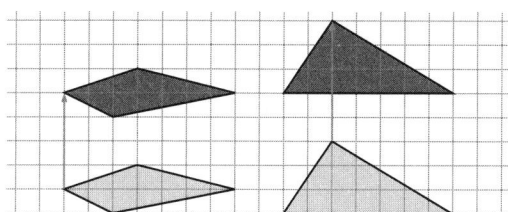

3

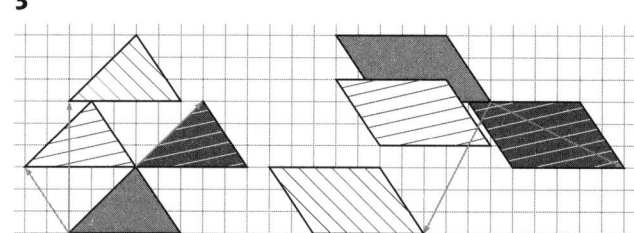

4

a)

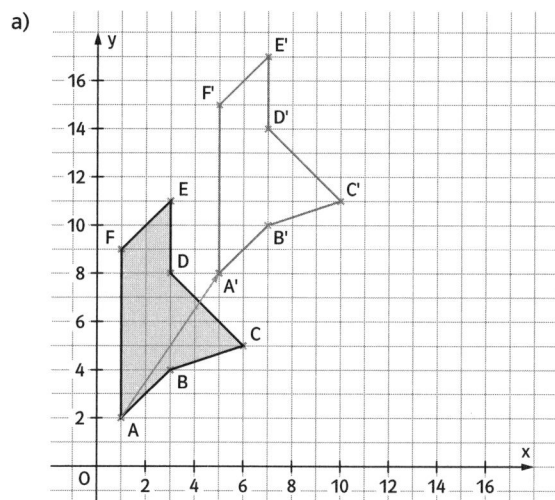

b) A (1|2), B (3|4), C (6|5), D (3|8), E (3|11), F (1|9)
   A' (5|8), B' (7|10), C' (10|11), D' (7|14), E' (7|17), F' (5|15)
c) P' (49|71)

Drehung und Drehsymmetrie, Seite 42

1
a) α = 72°
b) α = 72° (wenn die Felge mit Speichen und Muttern
betrachtet wird. Würde man nur die Speichen betrachten, wäre
α = 40°)
c) a = 72°

2

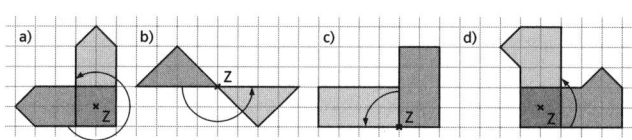

a) α = 270°   b) α = 180°   c) α = 90°   d) α = 90°

3
a)

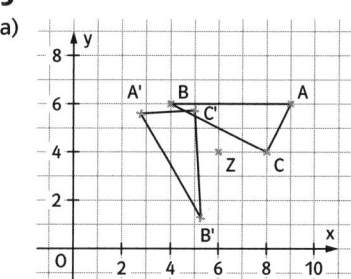

b)

Länge der Strecke			Größe des Winkels	
$\overline{AB}$ = 2 cm	$\overline{A'B'}$ = 2 cm		⊾ BAC = 63°	⊾ B'A'C' = 63°
$\overline{BC}$ = 1,8 cm	$\overline{B'C'}$ = 1,8 cm		⊾ CBA = 27°	⊾ C'B'A' = 27°
$\overline{CA}$ = 0,9 cm	$\overline{C'A'}$ = 0,9 cm		⊾ ACB = 90°	⊾ A'C'B' = 90°

c) Original- und Bildfigur stimmen in entsprechenden
Streckenlängen und Winkelgrößen überein.

4
Gezeichnet sind nur Beispiele, es gibt weitere Lösungen.

a)   b)   c)   d)

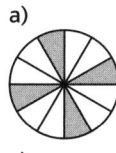 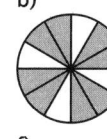 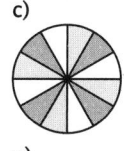 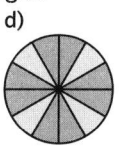

e)   f)   g)   h)

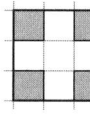 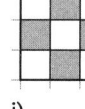 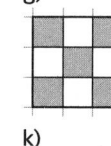 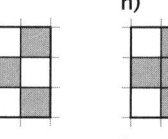

i)   j)   k)   l)

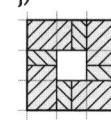 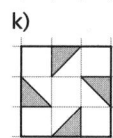 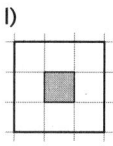

Kongruenz, Seite 43

1
A ≅ G   B ≅ J   D ≅ F
E ≅ H   Übrig bleiben C und I.

2
Lauter kongruente Teilfiguren entstehen bei: a), b), c), f).
g) und h) Weitere Zerlegungen z. B.:

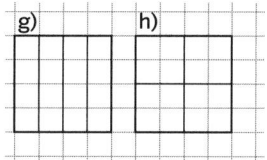

3

a) und b)

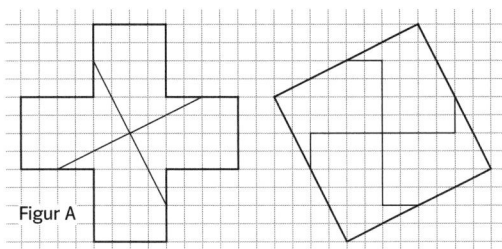

Figur A

4

a) bis c)

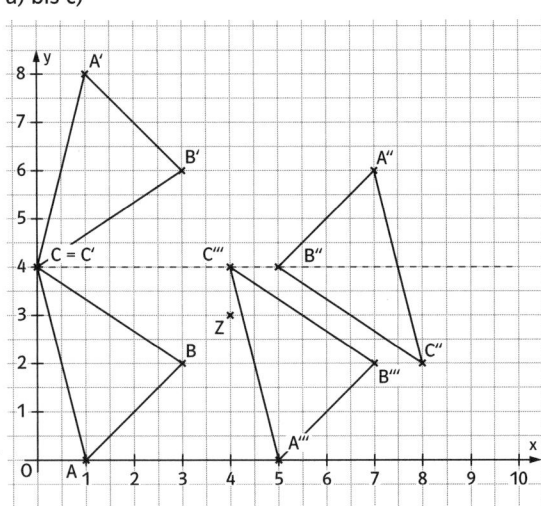

Symmetrien und Muster | Merkzettel, Seite 44

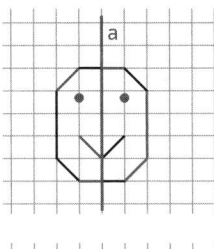
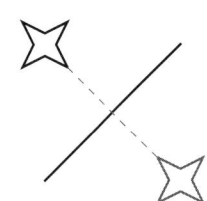

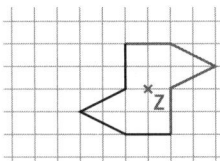
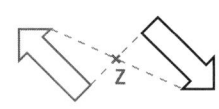

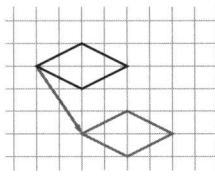
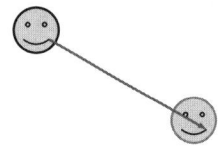

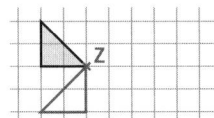
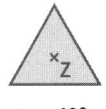

$\alpha = 60°$

1

Waagerecht	Senkrecht
b) 125	a) 32
c) 10	b) 102
d) 225	e) 21
f) 13	g) 515

2

a) $\frac{1}{3} = \frac{3}{9}$ b) $\frac{3}{4} = \frac{12}{16}$ c) $\frac{18}{24} = \frac{36}{48}$

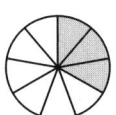 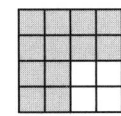 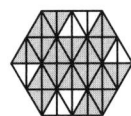

d) $\frac{3}{7} = \frac{6}{14}$ e) $\frac{2}{3} = \frac{8}{12}$

3

a) $\frac{10}{12} > \frac{7}{12}$ b) $\frac{116}{168} > \frac{77}{168}$ c) $\frac{5}{12} = \frac{5}{12}$

d) $\frac{1}{30} < \frac{4}{30}$ e) $\frac{7}{30} < \frac{8}{30}$ f) $\frac{26}{24} > \frac{25}{24}$

4

a) 228,54 €   b) 52,21 kg   c) 150,081 km

a)		2	1	3,	2	1	€
+			1	2,	0	0	€
+				3,	3	3	€
		2	2	8,	5	4	€

b)		6	5,	0	4	4	kg
−		1	2,	4	0	0	kg
−			0,	4	3	3	kg
				1			
		5	2,	2	1	1	kg

c)		1	2	9			km
+			2	1,	0	0	5	km
+				0,	0	7	6	km
			1		1			
		1	5	0,	0	8	1	km

5

a), b)

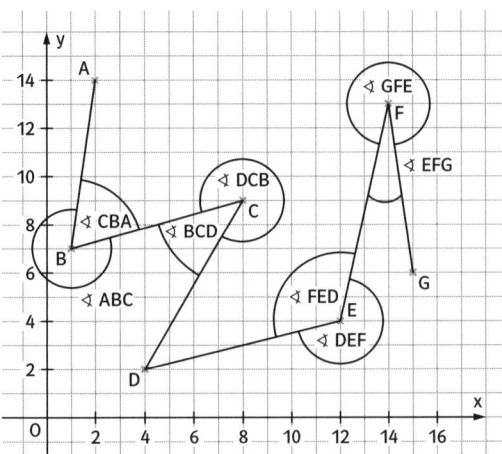

c) ⊾ABC = 295°; ⊾CBA = 65°; ⊾BCD = 45°; ⊾DCB = 315°;
⊾DEF = 245°; ⊾FED = 115°; ⊾EFG = 20°; ⊾GFE = 340°

Üben und Wiederholen | Training 2, Seite 46

6
HEY TOBI! ICH HABE DIE MUMIE DAHEIM. MUTTI TOBT! KOMM UM 8!

7
a) D, F   b) C,E   c) B

8

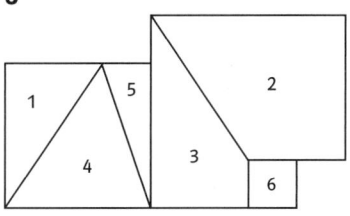

9

.	$\frac{1}{4}$	$\frac{3}{5}$	$\frac{4}{7}$	$\frac{7}{9}$
$\frac{2}{3}$	$\frac{1}{6}$	$\frac{2}{5}$	$\frac{8}{21}$	$\frac{14}{27}$
$\frac{3}{8}$	$\frac{3}{32}$	$\frac{9}{40}$	$\frac{3}{14}$	$\frac{7}{24}$
$\frac{7}{10}$	$\frac{7}{40}$	$\frac{21}{50}$	$\frac{2}{5}$	$\frac{49}{90}$

10
a) $\frac{3}{1}$ b) $\frac{2}{1}$ c) $\frac{15}{1}$ d) $\frac{5}{2}$

e) $\frac{4}{5}$ f) $\frac{4}{9}$ g) $\frac{5}{3}$ h) $\frac{64}{81}$

11
a) Größtmögliches Ergebnis: $\frac{7}{2} \cdot 12 = 42$ oder $\frac{12}{2} \cdot 7 = 42$

Kleinstmögliches Ergebnis: $\frac{2}{12} \cdot 7 = \frac{7}{6}$ oder $\frac{7}{12} \cdot 2 = \frac{7}{6}$

b) Größtmögliches Ergebnis: $\frac{8}{3} : 4 = \frac{2}{3}$ oder $\frac{3}{4} : 8 = \frac{3}{32}$

Kleinstmögliches Ergebnis: $\frac{3}{8} : 4 = \frac{3}{32}$ oder $\frac{3}{4} : 8 = \frac{3}{32}$

12
a) $42 : 12 = 3,5$ b) $8\,618 : 124 = 69,5$

c) $491,4 : 6 = 81,9$ d) $1440 : 288 = 5$

Versuchsreihen ergeben Wahrscheinlichkeiten (1), Seite 47

1
a) $\frac{1}{8}$ (bzw. 12,5%)   b) $\frac{1}{4}$ (bzw. 25%)   c) $\frac{10}{16}$ (bzw. 62,5%)

2
a) $\frac{11}{28}$ (bzw. 39,29%)   b) $\frac{17}{28}$ (bzw. 60,71%)

3
a) Günstige Ausgänge: 6   b) Günstige Ausgänge: 2, 4, 6

Wahrscheinlichkeit: $\frac{1}{6}$ Wahrscheinlichkeit: $\frac{1}{2}$

c) Günstige Ausgänge: 1, 2, 3, 6   c) Günstige Ausgänge: 1, 2, 3, 4

Wahrscheinlichkeit: $\frac{2}{3}$ Wahrscheinlichkeit: $\frac{2}{3}$

4
a) und b)

gewürfelte Zahl		1	2	3	4	5	6	7	8
Anzahl der Würfe	20	0,15	0,05	0,2	0,2	0,1	0,05	0,2	0,05
	100	0,15	0,07	0,14	0,16	0,13	0,16	0,14	0,08
	450	0,12	0,11	0,14	0,13	0,14	0,12	0,12	0,12
Wahrscheinlichkeit		12%	11%	14%	13%	14%	12%	12%	12%

Veronicas Behauptung stimmt, denn $\frac{1}{8}$ entspricht einer Wahrscheinlichkeit von 12,5%.

Versuchsreihen ergeben Wahrscheinlichkeiten (2), Seite 48

1
Mögliche Lösungen sind:
a)

b)

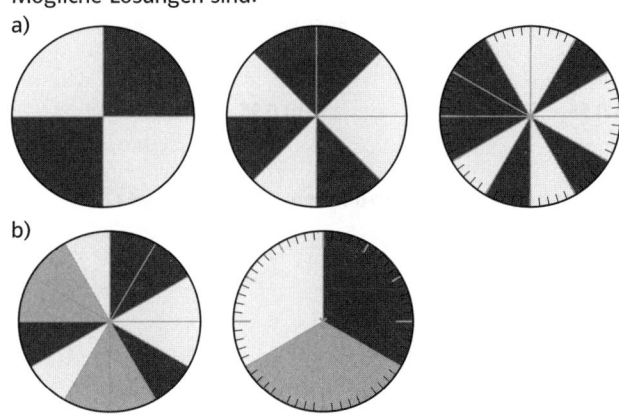

2
a) bis c) sind Zufallsgeräte, d) und e) sind keine.

3
a) Nein.
b) Ja. Mögliche Ergebnisse: z.B. gelb, grün, rot, blau (je nach Farbzusammenstellung des Würfels).
c) Ja. Mögliche Ergebnisse: z.B. Lieblings-CD oder andere
d) Ja. Mögliche Ergebnisse: Gewinn, Niete.
e) Nein. Denn man kann nur einen bestimmten Blinker setzen, den linken oder den rechten. Es gibt keinen Knopf „Blinker", wo zufällig „links" oder „rechts" gewählt werden könnte.
f) Ja. Mögliche Ergebnisse: Keine der angekreuzten Zahlen wird gezogen. Oder: 1 (2, 3, 4, 5 oder alle) der getippten Zahlen wird (werden) gezogen.

4
a) Die möglichen Ergebnisse bei einem Wurf sind 1; 2; 3; 4; 5; 6. Da Peter schon vier Sechsen herausgelegt hat, bestehen insgesamt die Möglichkeiten: (6, 6, 6, 6, 1); (6, 6, 6, 6, 2); (6, 6, 6, 6, 3); (6, 6, 6, 6, 4); (6, 6, 6, 6, 5); (6, 6, 6, 6, 6). Nur das letzte Ergebnis ist ein „Kniffel". Die Chance darauf ist mit $\frac{1}{6}$ eher gering.
b) Die möglichen Ergebnisse sind 1; 2; 3; 4; 5; 6. Da Marita schon eine „Straße" herausgelegt hat, bestehen beim letzten Wurf folgende Möglichkeiten: (2, 3, 4, 5, 1); (2, 3, 4, 5, 2); (2, 3, 4, 5, 3); (2, 3, 4, 5, 4); (2, 3, 4, 5, 5); (2, 3, 4, 5, 6). Nur mit dem ersten oder letzten Ergebnis hat sie eine „große Straße". Die Chance darauf ist mit $\frac{2}{6} = \frac{1}{3}$ zwar nicht ganz gering, aber auch noch nicht hoch.

Zusammenfassen von Ergebnissen – Summenregel (1), Seite 49

1

a) $\frac{1}{5} = 20\%$ b) $\frac{4}{5} = 80\%$ c) $\frac{1}{5} = 20\%$ d) $\frac{1}{3} = 33,\overline{3}\%$

e) $\frac{3}{5} = 60\%$ f) $\frac{1}{15} = 6,7\%$ g) $\frac{2}{5} = 40\%$ h) $\frac{2}{15} = 13,\overline{3}\%$

2

a) 3, 4, 5 und, falls alle Figuren aus dem Loch sind, auch 6.

b) $\frac{2}{3} = 66,7\%$ c) 1 d) $\frac{1}{6} = 16,\overline{6}\%$

e) 1 oder 4 f) $\frac{1}{3} = 33,\overline{3}\%$

3

a) 4 Kugeln sind grau, der Rest ist orange oder gelb.
b) 7 Kugeln sind gelb, der Rest ist orange oder grau.
c) 5 Kugeln sind orange, der Rest ist gelb oder grau.

4

a) 0,55 = 55% b) 0,95 = 95%

Zusammenfassen von Ergebnissen – Summenregel (2), Seite 50

1

a) $\frac{1}{3}; \frac{2}{5}; \frac{2}{3}; \frac{3}{8}$

b) 67-mal; 80-mal; 133-mal; 75-mal

2

a) $\frac{1}{3}$ b) $\frac{2}{3}$ c) $\frac{1}{3}$ d) $\frac{1}{5}$ e) $\frac{1}{2}$

3

a)

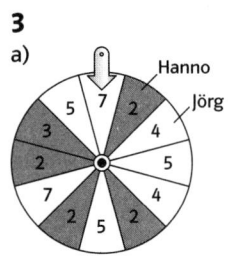

b) Jörg hat die besseren Gewinnchancen. Wahrscheinlichkeit: $\frac{7}{12}$.
Wahrscheinlichkeit für einen Gewinn von Hanno: $\frac{5}{12}$

4

a) 123; 132; 213; 231; 312; 321

b) $\frac{1}{6} \approx 0,17$ c) $\frac{2}{6} \approx 0,33$ d) $\frac{4}{6} \approx 0,67$

e) 24 Möglichkeiten;

Wahrscheinlichkeit für eine gerade Zahl: $\frac{12}{24} = \frac{1}{2} = 50\%$

Mehrstufige Zufallsversuche – Pfadregel, Seite 51

1

a)

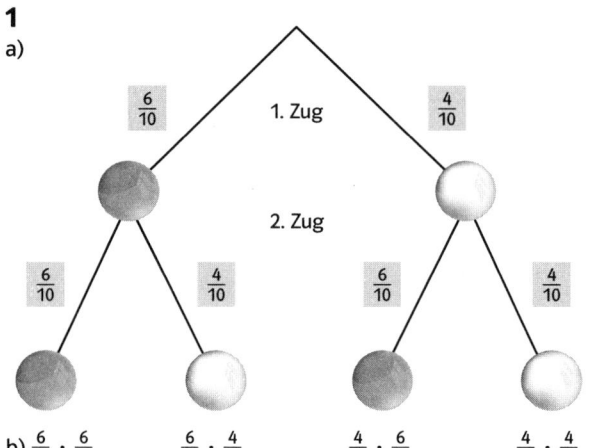

b) $\frac{6}{10} \cdot \frac{6}{10}$ $\frac{6}{10} \cdot \frac{4}{10}$ $\frac{4}{10} \cdot \frac{6}{10}$ $\frac{4}{10} \cdot \frac{4}{10}$

$= \frac{36}{100}$ $= \frac{24}{100}$ $= \frac{24}{100}$ $= \frac{16}{100}$

c)

	Anzahl der gezogenen orangen Kugeln:		
	0	1	2
1. Ziehung	$\frac{4}{10}$	$\frac{6}{10}$	0
2. Ziehung	$\frac{4}{10} \cdot \frac{4}{10} = \frac{16}{100}$	$\frac{24}{100} + \frac{24}{100} = \frac{48}{100}$	$\frac{6}{10} \cdot \frac{6}{10} = \frac{36}{100}$

2

a)

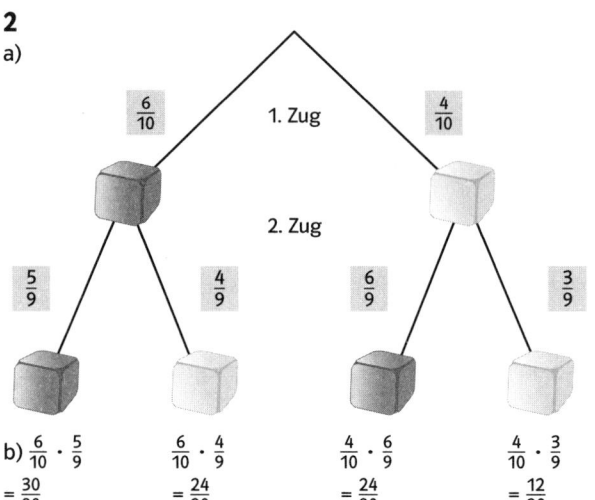

b) $\frac{6}{10} \cdot \frac{5}{9}$ $\frac{6}{10} \cdot \frac{4}{9}$ $\frac{4}{10} \cdot \frac{6}{9}$ $\frac{4}{10} \cdot \frac{3}{9}$

$= \frac{30}{90}$ $= \frac{24}{90}$ $= \frac{24}{90}$ $= \frac{12}{90}$

c)

	Anzahl der gezogenen orangen Würfel:		
	0	1	2
1. Ziehung	$\frac{4}{10}$	$\frac{6}{10}$	0
2. Ziehung	$\frac{4}{10} \cdot \frac{3}{9} = \frac{12}{90}$	$\frac{24}{90} + \frac{24}{90} = \frac{48}{90}$	$\frac{6}{10} \cdot \frac{5}{9} = \frac{30}{90}$

3

a) $\frac{3}{12} \cdot \frac{6}{12} \cdot \frac{8}{12} = \frac{144}{1728} = 8,\overline{3}\%$

b) (Orange/Orange/Grau); (Orange/Grau/Orange);
(Grau/Orange/Orange)

Gewinnwahrscheinlichkeit:
$\frac{3}{12} \cdot \frac{6}{12} \cdot \frac{4}{12} + \frac{3}{12} \cdot \frac{6}{12} \cdot \frac{8}{12} + \frac{9}{12} \cdot \frac{6}{12} \cdot \frac{8}{12} = \frac{648}{1728} = 37,5\%$

Häufigkeit und Wahrscheinlichkeit | Merkzettel, Seite 52

Lösungswort: TRAINING

Besondere Dreiecke, Seite 53

1

a)

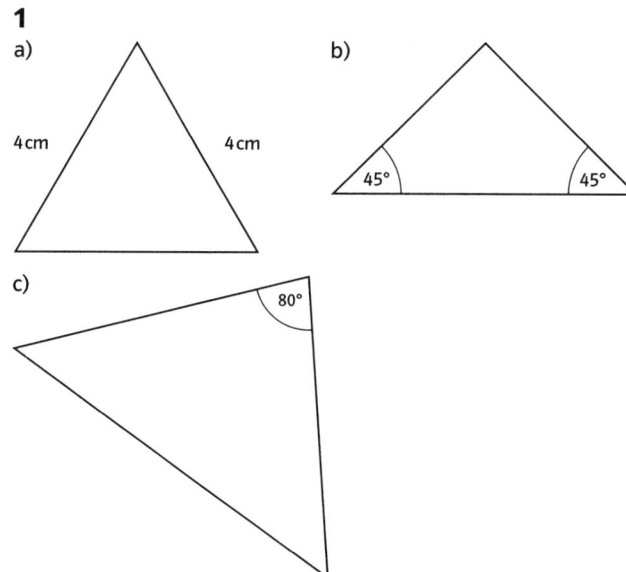

b)

c)

2

a) Drachen, Parallelogramm, Raute

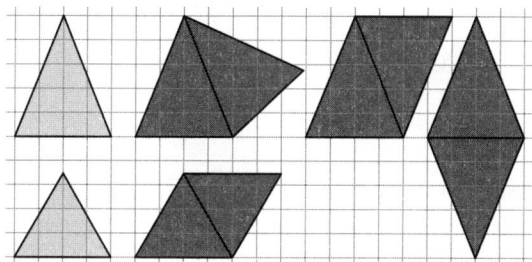

b) Raute

c) Die entstandenen Vierecke in der oberen Reihe sind; Drachen, Parallelogramm und Raute; in der unteren Reihe ist es eine Raute.

3

a)

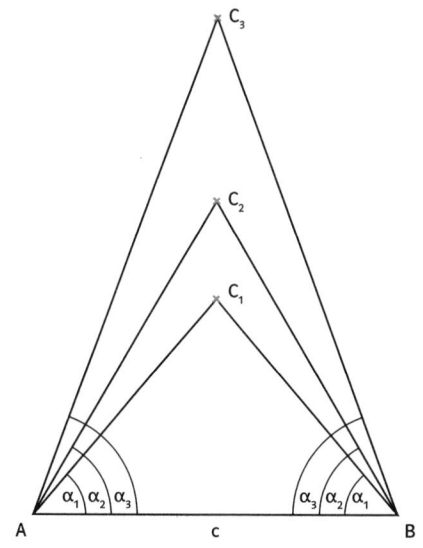

b) Je größer der Basiswinkel, umso länger die Schenkel.

4

a) Figur A: △ABC, △DEF, △ADF, △DBE, △FEC; Figur B: keine

b) Figur A: △ABM; △BCM; △CAM; △DEM; △EFM; △FDM; Figur B: △ABC; △DFC; △CAE; △BCE

5

Der Treffpunkt beider Fische liegt immer auf der Winkelhalbierenden.

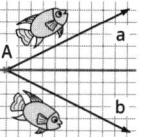

Winkel an Geradenkreuzungen, Seite 54

1

a)

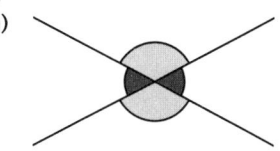

b)

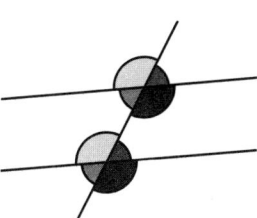

c)

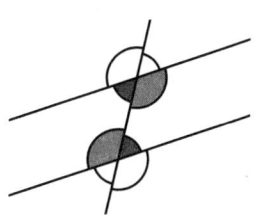

2

a) $\alpha = 120°$ als SchW
$\beta = 60°$ als NW und StW

b) $\alpha = 84°$ als WW
$\beta = 96°$ als NW

c) $\alpha = 45°$ als SchW
$\beta = 45°$ als StW

3

Rechnung	Lösungswinkel	Buchstabe
$(\alpha_1 - 7°) : 5 = (72° - 7°) : 5$	13°	M
$\alpha_2 : 12 - 8° = 108° : 12 - 8°$	1°	A
$(\alpha_3 - 12°) : 3 = (72° - 12°) : 3$	20°	T
$(\alpha_4 - 31°) : 10 = (113° - 33°) : 10$	8°	H
$(\alpha_5 - 6°) : 21 = (109° - 4°) : 21$	5°	E
$\alpha_6 : 2 - 20° = 42° : 2 - 20°$	1°	A
$(\alpha_7 - 12°) : 3 = (67° - 10°) : 3$	19°	S
$(\alpha_8 + 26°) : 5 = (71° + 24°) : 5$	19°	S

4

Die Geraden g und h sind bei beiden Teilaufgaben nicht parallel zueinander.

a)

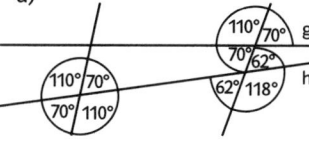

b)

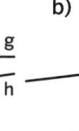

Winkelsummen (1), Seite 55

1

a) α = 55°; β = 69° b) α = 71°; β = 57°

2

	α	β	γ
a)	59°	86°	35°
b)	145°	55°	—
c)	14°	26°	140°
d)	56°	90°	34°
e)	60°	45°	75°
f)	30°	45°	105°

3

a)	92°	1°
b)	91°	2°
c)	90°	3°
d)	89°	4°
e)	88°	5°

Die Summe der beiden fehlenden Winkel ist 93°.

4

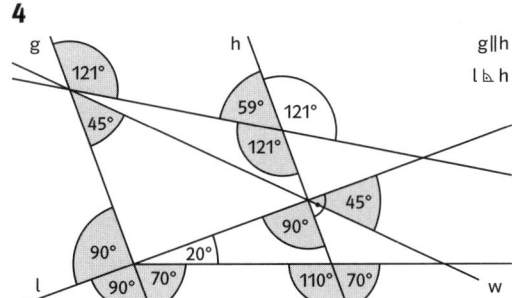

g∥h
l⊾h

5

α₁	82°	α₂	63°	α₃	47°	α₄	35°	α₅	82°	α₆	63°	α₇	98°	α₈	37°

6

α₁	155°	α₈	55°	α₁₅	30°
α₂	25°	α₉	90°	α₁₆	60°
α₃	55°	α₁₀	90°	α₁₇	90°
α₄	60°	α₁₁	90°	α₁₈	65°
α₅	65°	α₁₂	30°	α₁₉	115°
α₆	60°	α₁₃	60°	α₂₀	115°
α₇	65°	α₁₄	90°	α₂₁	65°

Winkelsummen (2), Seite 56

1

Parallelogramm: 110°, 70°; Raute: 105°, 75°; Drachen: 105°, 90°, 60°; gleichschenkliges Trapez: 70°, 110°.

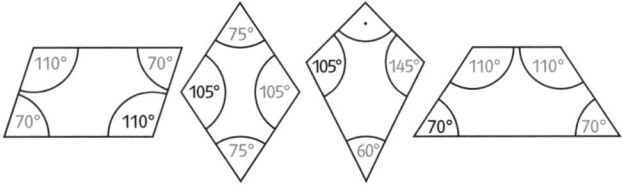

2

Die Winkelsumme im Viereck beträgt 360°.

4-Eck	α	β	γ	δ
a)	60°	95°	125°	80°
b)	63°	55°	97°	145°
c)	25,5°	87,3°	140°	107,2°

3

Die Winkelsumme im Fünfeck beträgt 540°.

5-Eck	α	β	γ	δ	ε
a)	58,5°	90°	34°	145,2°	212,3°
b)	90°	90°	115°	122,7°	122,3°
c)	98,8°	78°	73,2°	45°	245°

4

a)

α₁	α₂	α₃	α₄	α₅	α₆	α₇	α₈
60°	120°	60°	130°	130°	50°	90°	100°

b)

α₁	α₂	α₃	α₄	α₅	α₆	α₇	α₈	α₉	α₁₀	α₁₁
80°	80°	100°	100°	80°	100°	80°	87°	93°	87°	93°

α₁₂	α₁₃	α₁₄	α₁₅	α₁₆	α₁₇	α₁₈	α₁₉	α₂₀	α₂₁	α₂₂
87°	93°	87°	93°	110°	110°	70°	97°	83°	97°	83°

c)

α₁	α₂	α₃	α₄	α₅	α₆	α₇	α₈
30°	150°	30°	142°	38°	142°	75°	105°

α₉	α₁₀	α₁₁	α₁₂	α₁₃	α₁₄	α₁₅	α₁₆
105°	113°	67°	113°	105°	75°	105°	75°

5

a) 6
b) 1080°
c) Ja, das 224-Eck kann in 222 Dreiecke zerlegt werden und hat die Winkelsumme 222 · 180° = 39 960°.

Konstruktion mit Zirkel und Lineal (1), Seite 57

1

Von links nach rechts sind die Beschreibungen:
M1; M4; W1; M2; W3
M3; W4; W5; M5; W2

2

Die möglichen Standorte liegen auf der Mittelsenkrechten der Strecke Neustadt – Altenburg, außerhalb des Sperrgebiets.

3

S(5,5 | 4,5)

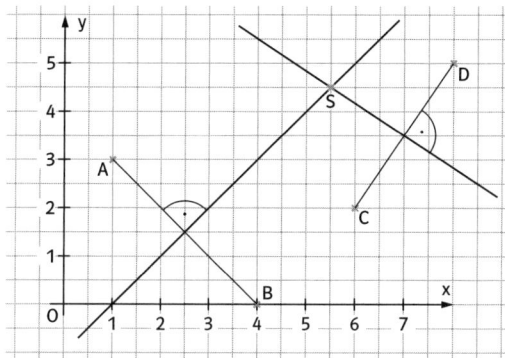

4

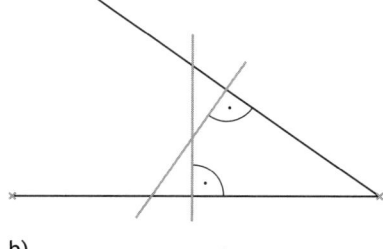

a) P_1(4 | 4); P_2(6,5 | 1,5)
b) Es gibt keinen solchen Punkt. Die Parallelen und
der entsprechende Kreis schneiden sich nicht.

Konstruktion mit Zirkel und Lineal (2), Seite 58

1
a)

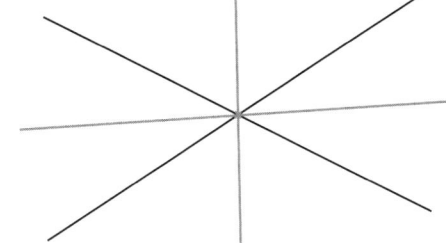

b)

2

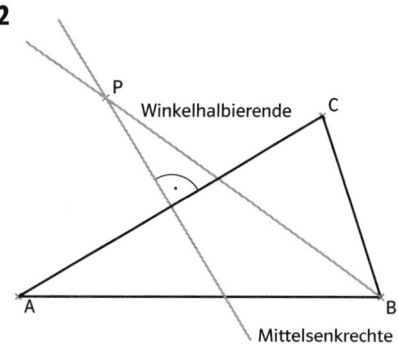

3
a) Individuelle Lösung; zum Beispiel:

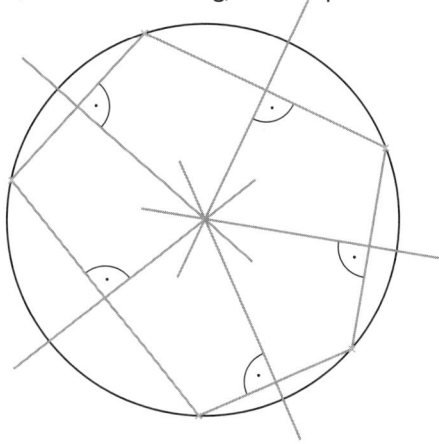

Alle Mittelsenkrechten schneiden sich in einem Punkt, nämlich
dem Umkreismittelpunkt des Fünfecks.
b) Bei anderen Vielecken ergibt sich kein gemeinsamer
Schnittpunkt.

4

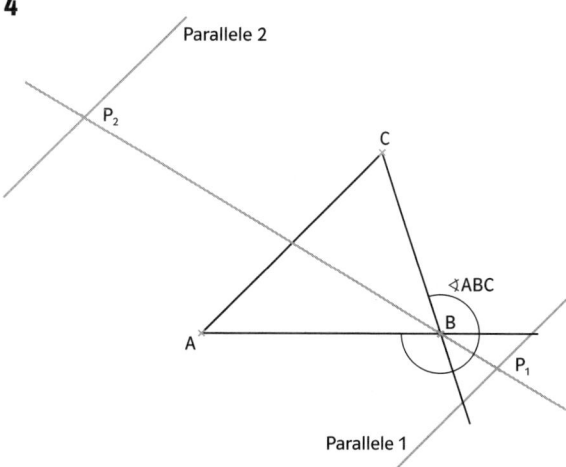

Die zweite und die dritte Aussage sind richtig.

Inkreis und Umkreis, Seite 59

1

a)

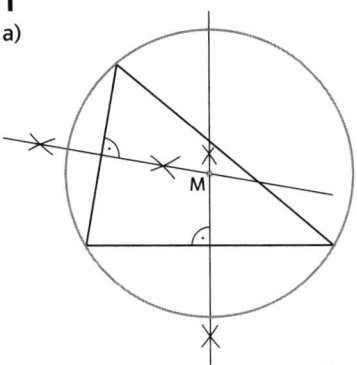

b)

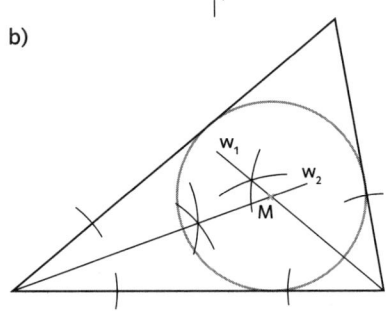

2

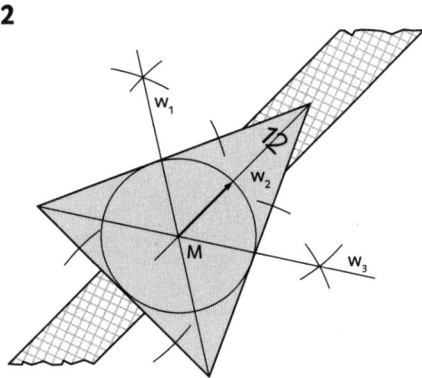

3

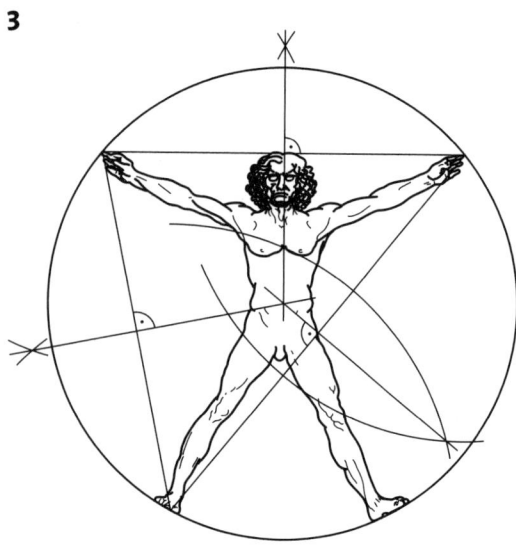

4

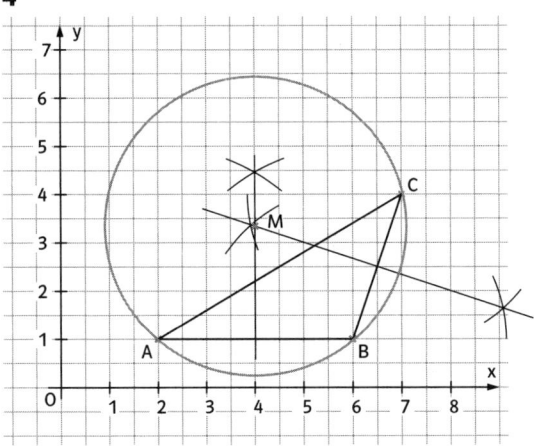

Der Kreismittelpunkt liegt bei M (4|3,35).

5

Konstruiert wird der Umkreis. Sein Durchmesser beträgt auf der Zeichnung 4,65 cm. Die Zeichnung hat einen Maßstab von 1:100. Der Durchmesser muss ca. 4,65 m betragen.

Dreiecke und Vierecke | Merkzettel, Seite 60

Lösungswort: WINKELSCHLEIFER

Üben und Wiederholen | Training 3, Seite 61

1

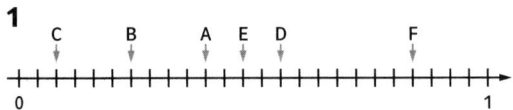

2

a) und b)

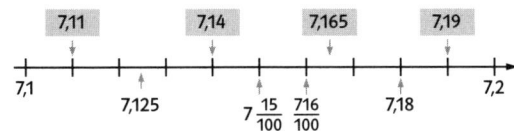

3

a) $\frac{5}{9}$ b) $\frac{5}{7}$ c) $\frac{3}{7}$ d) $\frac{2}{5}$

e) $\frac{4}{25}$ f) $\frac{7}{11}$ g) $\frac{3}{5}$ h) $\frac{1}{3}$

4

a) Magische Zahl: $\frac{15}{5} = 3$

$\frac{4}{5}$	$\frac{9}{5}$	$\frac{2}{5}$
$\frac{3}{5}$	1	$\frac{7}{5}$
$\frac{8}{5}$	$\frac{1}{5}$	$\frac{6}{5}$

b) Magische Zahl: $\frac{15}{24} = \frac{5}{8}$

$\frac{1}{3}$	$\frac{1}{8}$	$\frac{1}{6}$
$\frac{1}{24}$	$\frac{5}{24}$	$\frac{3}{8}$
$\frac{1}{4}$	$\frac{7}{24}$	$\frac{1}{12}$

5

a) $\frac{9}{10}$ b) $\frac{1}{6}$ c) $\frac{7}{4}$ d) $\frac{3}{14}$

e) $\frac{7}{2}$ f) $\frac{2}{9}$ g) $\frac{35}{14}$ h) $\frac{1}{8}$

i) $\frac{5}{12}$ j) $\frac{1}{8}$ k) $\frac{137}{54}$ l) $\frac{13}{28}$

6

a) 2,5   b) 7,6   c) 16

d) $\frac{5}{6}$ e) $\frac{25}{12}$ f) 37,9

7

a) 24 kg   b) 68 m   c) 4 s   d) 2 kg

e) 129 km   f) 1 kg   g) 121 t   h) 765 kg

i) 12 m

8

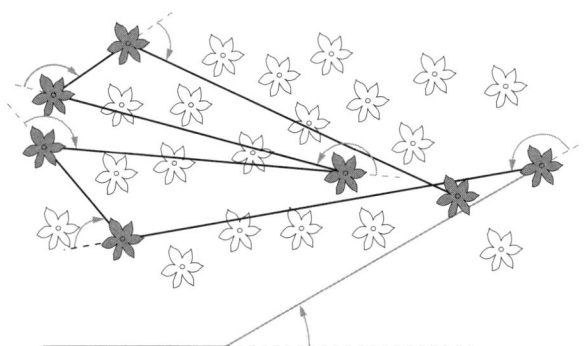

Üben und Wiederholen | Training 3, Seite 62

9

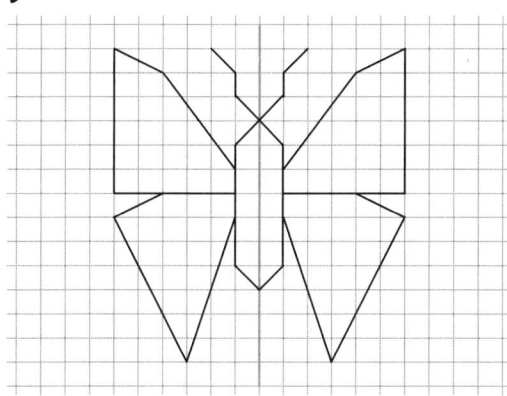

10

a) Hier kann man einen Drehwinkel α = 180° wählen.

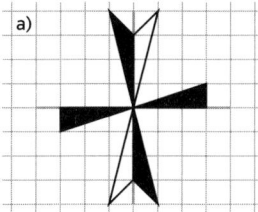

b) Hier ist ein Drehwinkel α = 90° möglich (Lösung 1).
Aber α = 180° wäre auch vorstellbar (Lösung 2).

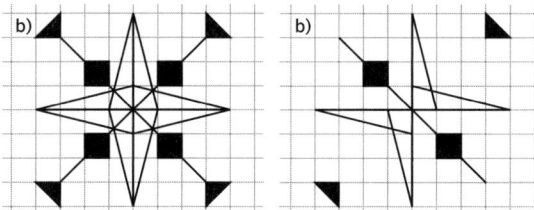

11

a)

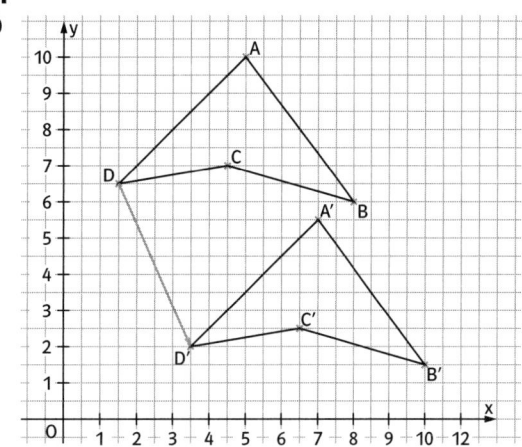

b) A(5|10); A'(7|5,5); B(8|6); B'(10|1,5); C(4,5|7); C'(6,5|2,5);
D(1,5|6,5); D'(3,5|2)

12

a) Ü: 40 · 3 = 120; Ergebnis: 148,92

b) Ü: 0,3 · 6 = 1,8; Ergebnis: 2,018 248

13

a) Ü: 56 : 7 = 8; Ergebnis: 7,9

b) Ü: 15 : 6 = 2,5; Ergebnis: 2,5

14

a) 5   b) 4   c) 5

d) 5   e) 3   f) 28

15

a) 22   b) 0   c) 5   d) 1

Üben und Wiederholen | Training 3, Seite 63

16

a) $\frac{4}{12} = \frac{1}{3} = 0,\overline{3}$ b) $\frac{3}{10} = 0,3$ c) $\frac{6}{15} = \frac{2}{5} = 0,4$

d) Ich würde das Glücksrad c) drehen, da dort die
Gewinnwahrscheinlichkeit am größten ist.

17

a) $\frac{1}{10}$ 0,1   10 %

b) $\frac{5}{10} = \frac{1}{2}$ 0,5   50 %

c) $\frac{3}{10}$ 0,3   30 %

d) $\frac{4}{10}$ 0,4   40 %

18

a) $\frac{1}{3}$ b) $\frac{2}{3}$ c) $\frac{10}{15} \cdot \frac{9}{14} = \frac{3}{7}$

19

a) Winkelsumme in Viereck: 360°

b)

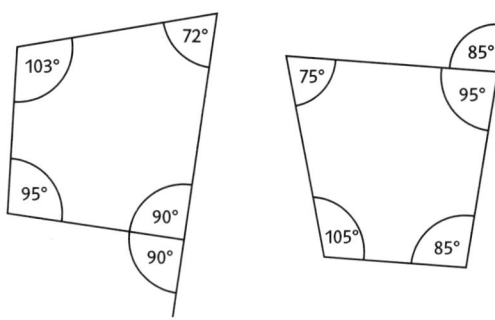

20

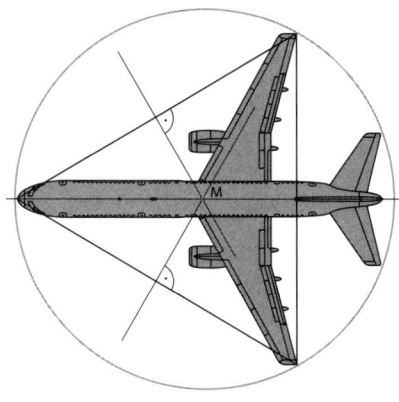

21

α = 115°; β = 115°; γ = 65°; δ = 115°

22

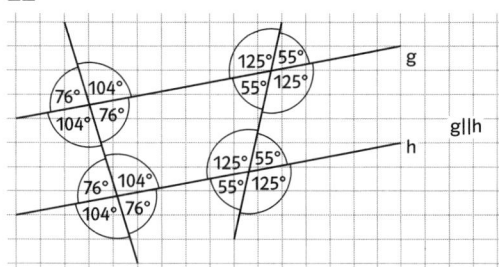

Beilage zum Arbeitsheft Lambacher Schweizer 6   **ISBN:** 978-3-12-734864-4
ISBN: 978-3-12-734865-1

© Ernst Klett Verlag GmbH, Stuttgart 2012.
Alle Rechte vorbehalten
www.klett.de

Zeichnungen/Illustrationen: druckmedienzentrum GmbH, Gotha; visualdesign, Stuttgart
DTP/Satz: druckmedienzentrum GmbH, Gotha

Multiplizieren von Dezimalbrüchen

1 Fülle die Tabelle aus.

Aufgabe	Rechenausdruck	Ergebnis
a) Wie groß ist das Doppelte der Differenz der Zahlen 42,62 und 15,44?		
b)	(4,5 · 5) : 2,5	
c) Berechne das $3\frac{1}{2}$fache von dem Doppelten von 152.		
d)	5 · (4,82 + 3,04)	

2 Bei diesen Zahlenmauern werden die benachbarten Zahlen multipliziert.

a)

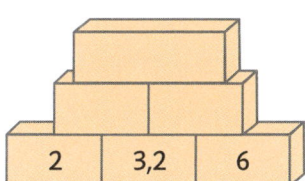

| 2 | 3,2 | 6 |

b)

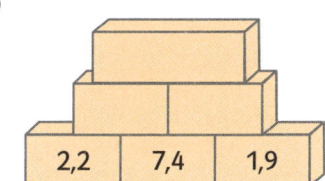

| 2,2 | 7,4 | 1,9 |

c)

| | 17 | 18,5 | 22,2 |
| 3,4 | | | |

3 Achtung, hier haben sich einige Fehler eingeschlichen. Finde und markiere die Fehler, löse die Aufgaben daneben korrekt.

a)

```
7, 0 9 · 5            7, 0 9 · 5
   3, 5 4 5
```

b)

```
3 4, 5 1 · 7, 8       3 4, 5 1 · 7, 8
    2 4 1, 5 7
    2 7 6, 0 8
    1
    5 1 7, 5 5
```

4 Berechne die durchschnittlichen Mietpreise in Deutschland.
a) Familie Klein zahlt in ihrer 82,5 m² großen Wohnung (1) einen Quadratmeterpreis von 6,80 €.
Frau Klein sieht in der Zeitung eine 95 m² große Wohnung (2) für 608 €. Vergleiche die beiden Angebote.

Wohnung ___ ist günstiger, da _____ .

b) Wie teuer ist eine 85 m² große Wohnung im Durchschnitt? Trage in die Tabelle ein.

	Quadratmeterpreis	Wohnungspreis
München		
Stuttgart		
Köln		
Dresden		
Berlin-West		
Berlin-Ost		

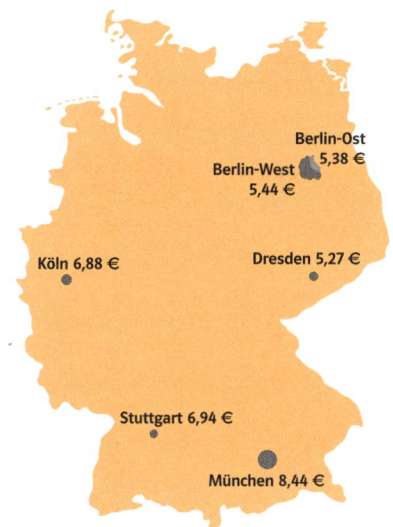

Berlin-Ost 5,38 €
Berlin-West 5,44 €
Dresden 5,27 €
Köln 6,88 €
Stuttgart 6,94 €
München 8,44 €

c) Der teuerste Durchschnittswert für eine 85 m² große Wohnung liegt

mit _____ € in _____ . Der Unterschied zur

günstigsten Wohnung in _____ beträgt _____ €.

Dividieren von Dezimalbrüchen

1 Bilde alle möglichen Aufgaben. Schreibe sie mit Ergebnissen auf.

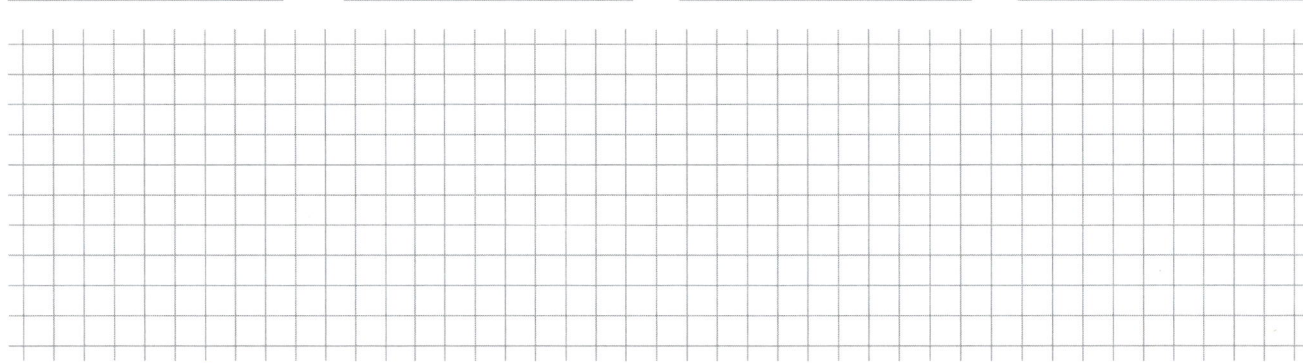

2,4	0,5		0,96	0,36	0,2	0,1
1,8	5	= 4,8	1	7,2	9,6	4,8
0,5	2,5	3,6	0,1	0,72	0,48	1,2

_____
_____
_____

2 Berechne. Denke zuerst an die Kommaverschiebung und mache dann einen Überschlag.

a) Ü: _____

14,4 : 2,88 =

1440 : 288 =

b) Ü: _____

4,374 : 0,06 =

c) Ü: _____

364,20 : 1,2 =

d) Ü: _____

861,8 : 12,4 =

3 Berechne und trage die Ergebnisse in die Tabelle ein.
Runde zum Schluss alle Ergebnisse auf eine Stelle nach dem Komma.

:	4		0,1	2,5	0,8
1	0,25	≈ 0,3			
6,75					
425,6					
82,02					

4 a) Ein Hochhaus hat 12 Stockwerke und eine Höhe von 30 m. In einem solchen Hochhaus wäre

eine Etage _____ m hoch.

b) Seit 1997 ist das höchste Wohn- bzw. Bürogebäude in Europa der Turm einer Bank in Frankfurt am Main. Der Architekt Sir Norman Foster entwarf das mit 56 Stockwerken 264 m hohe Gebäude.
Im Frankfurter Büroturm ist im Durchschnitt jede

Etage _____ m hoch.

c) Der höchste Turm in Deutschland ist der Fernsehturm in Berlin mit 368 m.
Ein Hochhaus von der Höhe des Berliner Fernsehturms

hätte bei einer Etagenhöhe von 3,5 m ____ Stockwerke.
Runde, wenn nötig, sinnvoll.

Mittelwert

1 Berechne den Mittelwert. Wandle vorher in eine geeignete Maßeinheit um.

a)

| 50 cm | 200 cm | 3,1 m | 45 dm | 70 cm |

Mittelwert : _____

b)

| 1000 g | 2 kg | 500 g | 250 g | 2,3 kg |

Mittelwert : _____

2 Der Mittelwert der Zahlen ist angegeben. Leider ist eine Zahl verloren gegangen. Wie muss sie heißen?

a) Mittelwert: 18

| 14 | 12 | 22 | 20 | |

b) Mittelwert: 20

| 28 | 25 | 16 | 21 | 22 | 28 | |

c) Mittelwert: 20

| 37 | 13 | 22 | 15 | 18 | 20 | |

d) Mittelwert: 20

| 33 | 16 | 21 | 21 | 18 | |

3 In einer Postfiliale wurden Postpakete gewogen.

a) Das leichteste Paket wog _____ kg, das

schwerste _____ kg.

b) Es wurden _____ Pakete abgeliefert.

c) _____ Pakete wogen unter 3 kg.

d) Das mittlere Gewicht betrug _____ kg.

Pakete: 1,2 kg · 0,6 kg · 2,5 kg · 2,9 kg · 4,8 kg · 0,8 kg · 3,6 kg · 2,6 kg

4 Herr Schneider ist beruflich viel unterwegs. Nach jeder Tankfüllung hat er den Kraftstoffverbrauch seines PKWs notiert.

a) Im Monat Februar hat er _____, _____, _____,

_____, und _____ pro 100 km verbraucht.

Berechne den Mittelwert (_____) und trage

diesen in den Zahlenstrahl ein.

```
|+++++++|+++++++|+++++++|+++++++|+++++++|+++++++|+++++++|+++++++|→
0       1       2       3       4       5       6       7       8
```

b) Im März betrug sein Verbrauch 4,9 l, 5,3 l, 6,2 l, 7,2 l und 5,4 l. Trage die Werte wie auch den

berechneten Mittelwert (_____) in den

Zahlenstrahl ein.

```
|+++++++|+++++++|+++++++|+++++++|+++++++|+++++++|+++++++|+++++++|→
0       1       2       3       4       5       6       7       8
```

c) Im Monat Februar liegen _____ Werte über

dem Mittelwert, im Monat März sind _____

Werte größer als der berechnete Mittelwert.

5 In einem Krankenhaus einer kleinen Stadt notieren die Schwestern jede Woche die Geburtsgewichte der Babys.

a) Berechne den Mittelwert der

Geburtsgewichte: _____ g

(Beachte dabei, dass aus Platzgründen die x-Achse erst bei 2 400 g beginnt.)

b) _____ Babys wogen zwischen 2 kg und 3 kg, _____

Babys hatten ein Gewicht zwischen 3 001 g und 4 kg,

_____ Babys wogen über 4 000 g.

c) Trage dein eigenes Geburtsgewicht ein.

Geburtsgewichte

```
2400 g   2900 g   3400 g   3900 g   4400 g   4900 g
```

Periodische und abbrechende Dezimalbrüche

1 Berechne, ob sich als Ergebnisse abbrechende oder periodische Dezimalbrüche ergeben.

a) $\frac{5}{16}$ = 5 : 1 6 = 0,3

5 0

4 8

  2 0

b) $\frac{5}{22}$ = 5 : 2 2 =

c) $\frac{5}{11}$ = 5 : 1 1 =

2 Runde die periodischen Dezimalbrüche auf die in der letzten Zeile angegebene Stelle.

	$\frac{1}{3} = 0,\overline{3}$	$\frac{1}{6} = 0,1\overline{6}$	$\frac{1}{7} = 0,\overline{142857}$	$\frac{12}{99} = 0,\overline{12}$	$\frac{15}{11} = 1,\overline{36}$	$\frac{7}{13} = 0,\overline{538461}$
≈						
Runde auf…	Zehntel	Tausendstel	Hunderttausendstel	Zehntausendstel	Tausendstel	Hundertstel

3 Berechne schrittweise. Vermeide dabei periodische Dezimalbrüche.

a) $0,5 + \frac{1}{3} = \frac{1}{2} + \frac{1}{3} = \frac{3}{6} + \frac{2}{6} = \frac{5}{6}$

b) $\frac{2}{3} \cdot 0,2 = $ _____

c) $\frac{7}{9} - 0,7 = $ _____

d) $12 : \frac{1}{11} = $ _____

4 Vielleicht ist dir schon aufgefallen, dass ein Bruch genau dann in einen abbrechenden Dezimalbruch umgewandelt werden kann, wenn man den Bruch so erweitern kann, dass im Nenner eine Zehnerpotenz steht (also 10, 100, 1000, 10 000 usw.). Finde heraus, bei welchen Aufgaben dies möglich ist.

Bruch	$\frac{1}{3}$	$\frac{1}{4}$	$\frac{1}{5}$	$\frac{1}{6}$	$\frac{1}{8}$	$\frac{1}{9}$	$\frac{1}{11}$	$\frac{3}{20}$	$\frac{4}{25}$	$\frac{1}{90}$
erweiterter Bruch	–	$\frac{25}{100}$								
Dezimalbruch	$0,\overline{3}$	$0,25$								

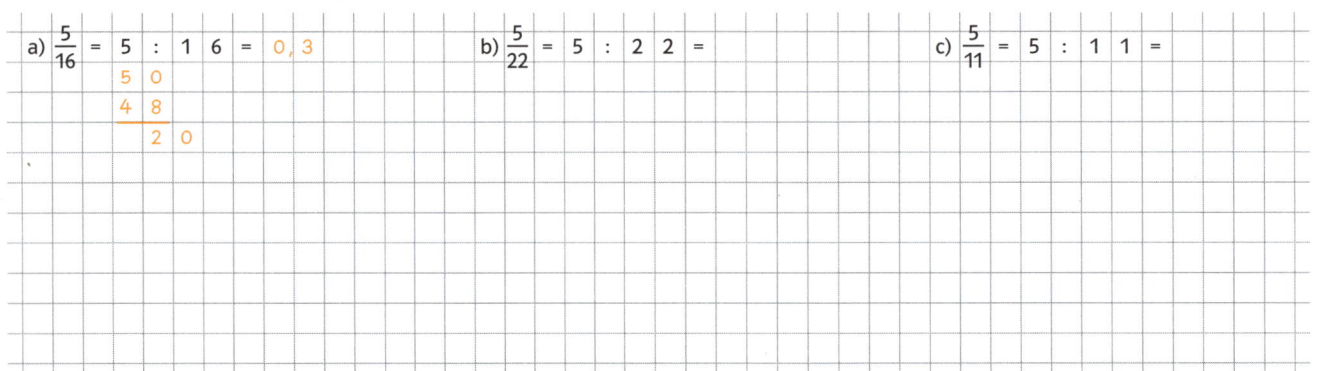

Nicht abbrechend oder abbrechend?

1,12345678910111213141516...

2,12345

5 Welche Periode gehört zu welcher Aufgabe? Rechne im Kopf und ordne zu.

a) 2 : 3 _____

b) 1 : 6 _____

c) 4 : 9 _____

d) 2 : 15 _____

$0,\overline{2}$ $0,\overline{4}$ $0,\overline{6}$ $0,\overline{8}$ $0,\overline{1}$ $0,1\overline{3}$ $0,1\overline{6}$

6 Vergleiche. Setze das richtige Zeichen ein: =, > oder <.

a) 1,333 … ⬜ 1,$\overline{3}$

b) 2,2$\overline{4}$ ⬜ 2,24

c) 1,03 ⬜ 1,0$\overline{3}$

d) 2,$\overline{17}$ ⬜ 2,1$\overline{7}$

e) 6,666 … ⬜ 6,7

f) 3,99 ⬜ 3,$\overline{9}$

g) 4,1$\overline{2}$ ⬜ 4,123

h) 2,0$\overline{6}$ ⬜ 2,$\overline{06}$

7 a) Berechne die Perioden der Brüche $\frac{1}{11}, \frac{2}{11}, \frac{3}{11}, \frac{4}{11}, \dots$

$\frac{1}{11} = $ _____

Wie viele musst du berechnen? Erkennst du eine Regelmäßigkeit? Prüfe sie an einem weiteren Beispiel.

b) Probiere auch mit den Brüchen $\frac{1}{11}, \frac{1}{111}, \frac{1}{1111}, \dots$ oder $\frac{1}{7}, \frac{2}{7}, \frac{3}{7}, \frac{4}{7}, \dots$

Vorteilhaftes Rechnen

1 Berechne möglichst vorteilhaft durch Vertauschen. Setze, wenn nötig, Klammern.

a) $12{,}6 + 2{,}5 + 3{,}4 + 3{,}5$ = $12{,}6 + 3{,}4 + 2{,}5 + 3{,}5$

= _____ = _____

b) $87{,}7 - 23{,}9 - 4{,}7 - 1{,}9$ = _____

= _____ = _____

c) $12{,}9 + 13{,}2 - 7{,}5 - 2{,}4$ = _____

= _____ = _____

d) $43{,}53 - 23{,}65 - 11{,}35$ = _____

= _____ = _____

e) $\frac{12}{6} - \frac{4}{6} + \frac{8}{6} - 1$ = _____

= _____ = _____

f) $\frac{7}{8} - \frac{2}{16} - \frac{1}{4} - \frac{1}{2}$ = _____

= _____ = _____

2 Versuche passende Aufgaben mit den Zahlenkarten zu bilden, sodass die Ergebnisse stimmen.
Bei f) musst du die Klammern benutzen.

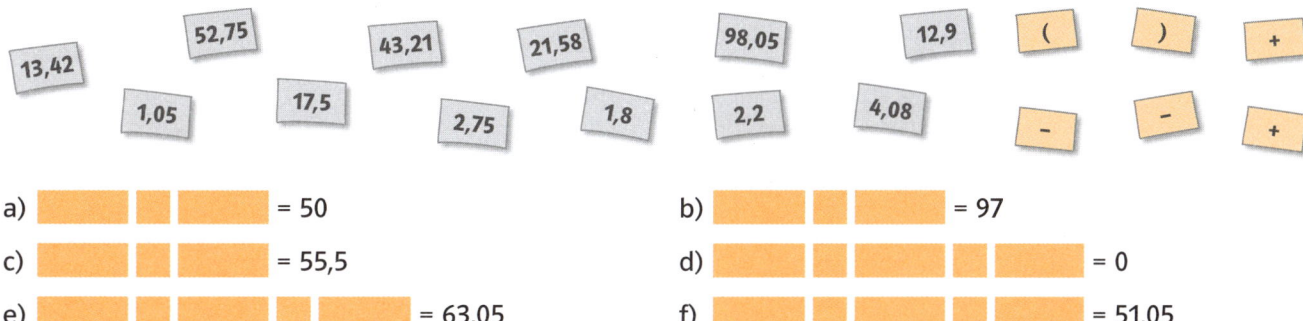

13,42 52,75 43,21 21,58 98,05 12,9 ( ) +

1,05 17,5 2,75 1,8 2,2 4,08 − − +

a) ▮▮ ▮▮ ▮▮ = 50

b) ▮▮ ▮▮ ▮▮ = 97

c) ▮▮ ▮▮ ▮▮ = 55,5

d) ▮▮ ▮▮ ▮▮ ▮▮ = 0

e) ▮▮ ▮▮ ▮▮ ▮▮ = 63,05

f) ▮▮ ▮▮ ▮▮ ▮▮ ▮▮ = 51,05

3 Fülle die Tabelle aus.

Aufgabe	Rechenausdruck	Ergebnis
a) Subtrahiere 12,5 von der Summe aus 22,3 und 44,2.		
b) Addiere −31,69 zu der Differenz aus 44,87 und 13,18.		
c) Vermindere $\frac{11}{6}$ um die Summe von $\frac{2}{3}$ und $\frac{1}{4}$.		

4 Frau Müller führt jeden Monat ein Haushalts-buch. Berechne ihre Ausgaben für die erste Maiwoche möglichst geschickt.
a) Überschlage zuerst.
Frau Müller hat in dieser Woche ungefähr _____ €
ausgegeben.
Wie viel € bleiben übrig, wenn ihr 700 € für diesen

Monat zur Verfügung stehen? _____ €
b) Berechne nun genau.

Frau Müller hat in dieser Woche _____ €

ausgegeben und für den Monat Mai noch _____ €
zur Verfügung.

Lebensmittel	99,55 Euro
	42,34 Euro
	33,45 Euro
Tankstelle/Benzin	87,66 Euro
Abendessen Restaurant	55,00 Euro
Reparaturkosten Auto	115,00 Euro

Fülle die Lücken mit den Wörtern oder Zahlen auf den Zetteln. Trage die Buchstaben in der Reihenfolge der Lücken in den Lösungssatz ein.

7	B
15	N
Komma	A
periodischer	I
beiden Zahlen	U
Faktoren	N
Kehrwert	U

Multiplizieren von Brüchen

Dabei werden die beiden _____ und die beiden Nenner miteinander multipliziert.

Beispiele:

$\frac{2}{3} \cdot \frac{4}{5} = \frac{2 \cdot 4}{3 \cdot 5} =$ _____

Dividieren durch einen Bruch

Man dividiert eine Zahl durch einen Bruch, indem man

mit dem _____ des Bruchs multipliziert.

$4 : \frac{2}{3} = 4 \cdot \frac{3}{2} = \frac{12}{2} = 6$

$\frac{4}{7} : \frac{8}{14} = \frac{4}{7} \cdot \frac{14}{8} =$ _____

Multiplizieren mit und Dividieren durch Zehnerpotenzen

Multipliziert (dividiert) man einen Dezimalbruch mit einer (durch eine) Zehnerpotenz, so verschiebt sich sein Komma um die Anzahl der Nullen der Zehnerpotenz nach rechts (links).

$34{,}56 \cdot 10 = 345{,}6$

$4\,335{,}6 : 1000 = 4{,}3356$

$23{,}054 \cdot 100 =$ _____

$23\,054 : 100 =$ _____

Multiplizieren von Dezimalbrüchen

Zuerst beachtet man das _____ beim Multiplizieren nicht. Danach setzt man das Komma so, dass das Ergebnis genau so viele Nachkommastellen

hat wie die beiden _____ zusammen.

2,	3	2	·	1,	4
		2	3	2	
		9	2	8	
	1				
	3,	2	4	8	

2 + 1 = 3 Nachkomma-stellen im Ergebnis

Dividieren von Dezimalbrüchen

Sobald man bei der Division eines Dezimalbruchs das Komma überschreitet, muss

man auch im _____ das Komma setzen.

Bei der Division von zwei Dezimalbrüchen muss man bei _____ die Kommas so weit nach rechts verschieben, bis die Zahl, durch die man teilt, eine natürliche Zahl ist.

$34{,}5 : 2{,}3$

$= 345 : 23 =$ _____

230,54	L
Ergebnis	D
2305,4	H
$\frac{8}{15}$	R
dividiert	G
Zähler	B
1	C

Mittelwert

Um den Mittelwert von Zahlen bzw. Größen zu berechnen, addiert man zunächst alle Zahlen bzw. Größen. Diese Summe muss dann durch die Anzahl der

Zahlen bzw. Größen _____ werden.

(Andere Bezeichnungen für den Mittelwert: arithmetisches Mittel, Durchschnittswert)

Der Mittelwert aus den Zahlen 3, 5, 8 und 12

beträgt ____.

Umwandeln eines Bruches in einen Dezimalbruch

Um einen Bruch in einen Dezimalbruch zu verwandeln, teilt man den Zähler durch den Nenner. Dabei kann sich ein abbrechender oder ein

_____ Dezimalbruch ergeben.

$\frac{1}{3} = 1 : 3 = 0{,}33\overline{3}\ldots = 0{,}\overline{3}$

$\frac{3}{4} = 0{,}75$

Rechengesetze und Rechenvorteile

Kommutativ-, **Assoziativ-** und **Distributivgesetz** gelten auch bei Brüchen und Dezimalbrüchen.

Lösungssatz: K E I N E _ _ _ _ _ _ _ _ _ _ _ _ _ _ _ T T E .

Achsenspiegelung und Achsensymmetrie

1 Spiegle die Figuren jeweils an der eingezeichneten Spiegelachse.

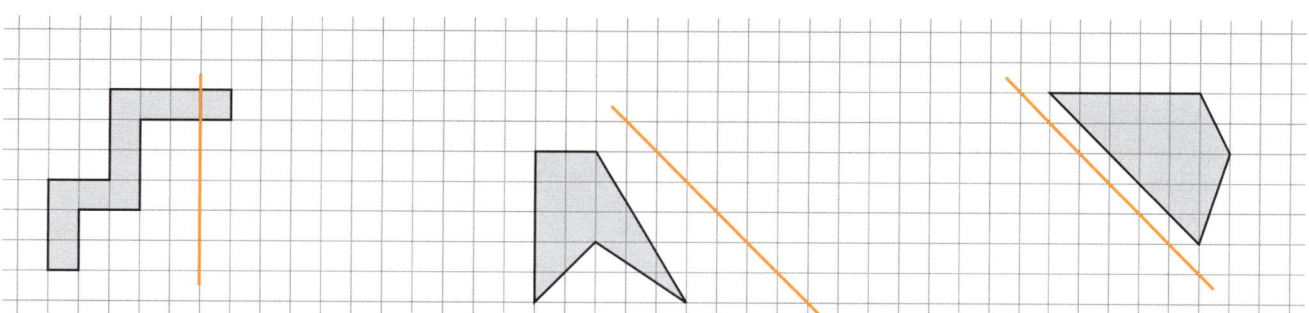

2 Spiegle die Figuren jeweils an der Verlängerung ihrer Seiten. Eine dieser jeweils vier Spiegelachsen ist bereits eingezeichnet. Zeichne jede Achse und die dazugehörige gespiegelte Figur in einer anderen Farbe.

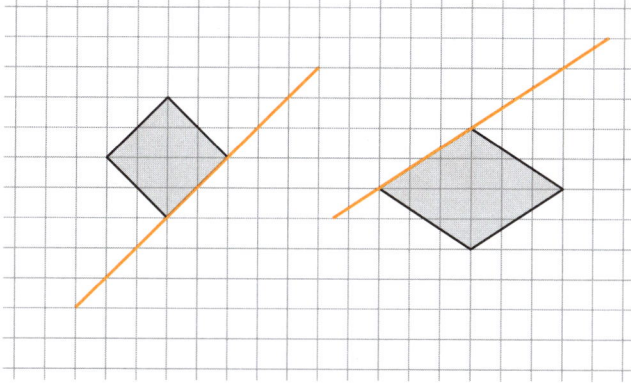

3 a) Spiegle den Pinguin an der Achse durch die Punkte P(9|3) und Q(9|6).
b) Bestimme die Koordinaten der Bildpunkte

A'(|), B'(|), C'(|), D'(|).

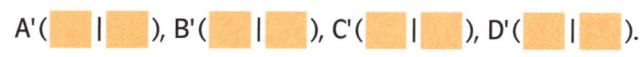
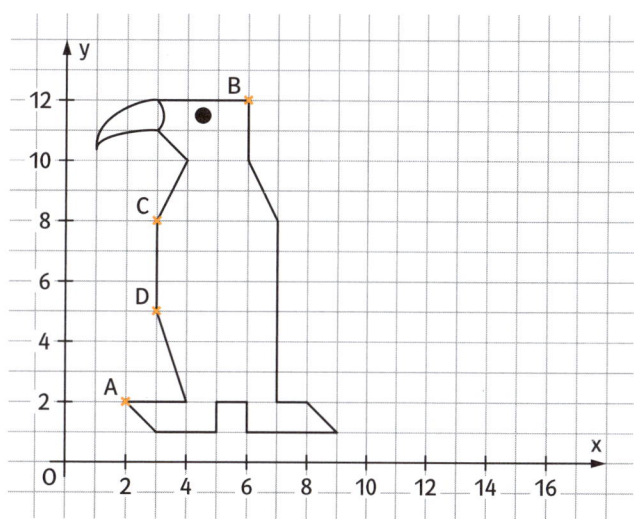

4 Der Vogel soll so gespiegelt werden, dass der Punkt A in den Bildpunkt A' übergeführt wird.
a) Zeichne die Spiegelachse ein.
b) Spiegle nun den ganzen Vogel an der Achse.

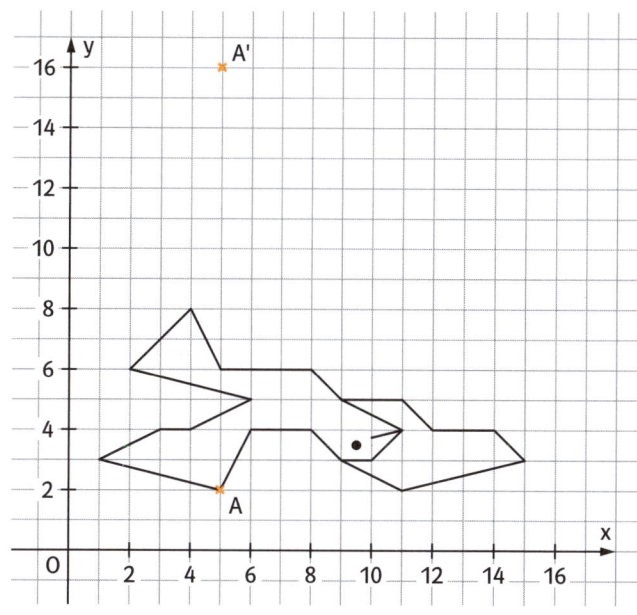

5 Ergänze das Muster im Quadrat so, dass die beiden eingezeichneten Achsen Symmetrieachsen für das Quadrat mit seinem Muster sind.

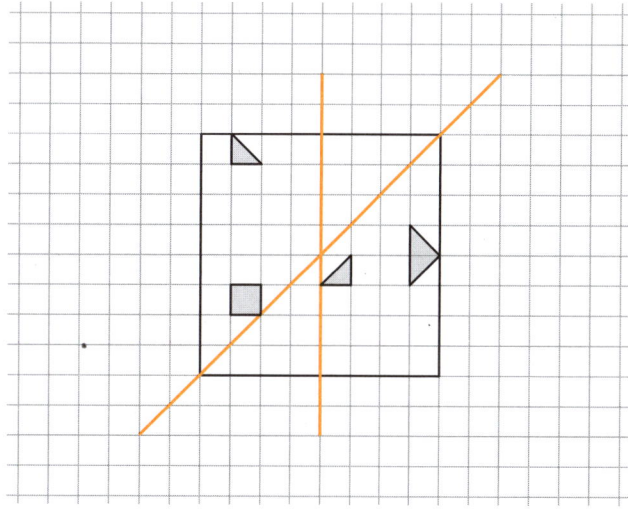

Punktspiegelung und Punktsymmetrie

1 a) Spiegle die Figur erst an der eingezeichneten Achse. Du erhältst Figur 1.
b) Spiegle die gesamte Figur 1 an Z. Du erhältst Figur 2.
c) Hättest du Figur 2 auch auf einem anderen Weg aus Figur 1 erhalten können?

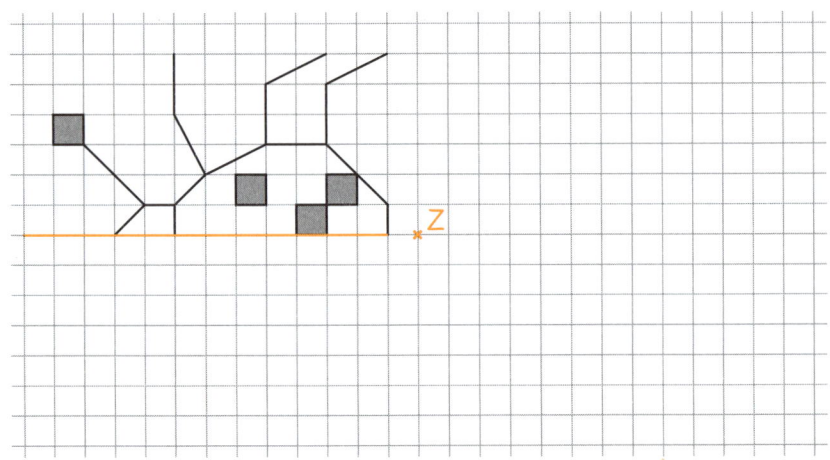

2 Untersuche, ob die nachfolgenden Figuren punktsymmetrisch, achsensymmetrisch oder beides sind. Vervollständige die Tabelle.

	a)	b)	c)	d)	e)	f)	g)	h)
achsensymmetrisch	✕	✕						
punktsymmetrisch		✕						

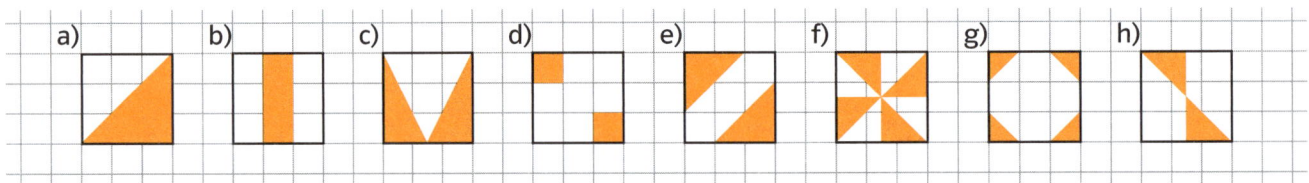

3 Das Viereck mit den Eckpunkten A(1|4), B(4|0), C(7|4) und D(4|8) wurde am Symmetriepunkt Z gespiegelt. Dabei wurde Punkt C in den Punkt C'(9|6) abgebildet.
a) Zeichne das Viereck und den Bildpunkt ein.
b) Ermittle die Koordinaten des Symmetriezentrums Z(_____ | _____).
c) Zeichne das Viereck A'B'C'D'.
d) Zeichne die Symmetrieachsen der Figur ABCD farbig ein.
e) Die Figuren sind beide punktsymmetrisch. Ermittle die Koordinaten des Symmetriepunktes Z' der Figur A'B'C'D': Z'(_____ | _____).

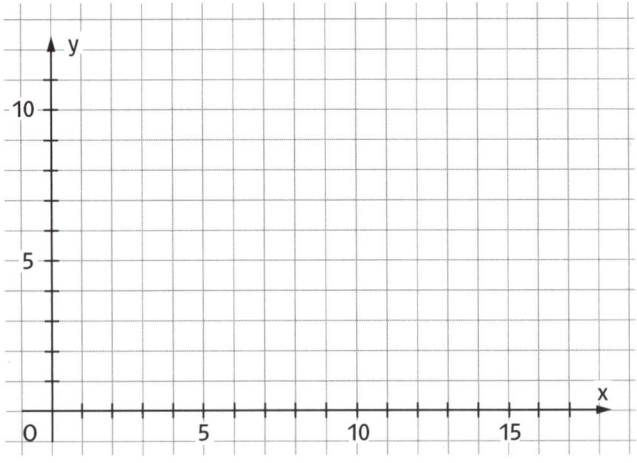

4 Peter behauptet, die zweite Figur sei jeweils durch Punktspiegelung aus der ersten hervorgegangen. Kreuze die Paare an, bei denen er recht hat. Zeichne Z dann passend ein.

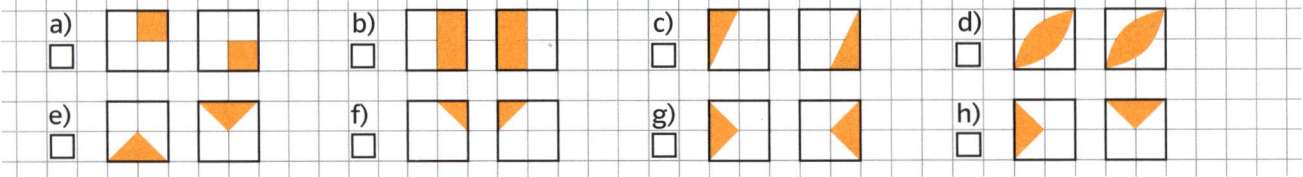

Verschiebung und Verschiebungssymmetrie

1 a) Trage die Punkte A(1|1), B(7|1), C(7|3), D(3|3), E(3|9) und F(1|9) in das Koordinatensystem ein und verbinde sie in dieser Reihenfolge zu einem Buchstaben.
b) Verschiebe A, B, C, D, E und F so, dass aus F der Bildpunkt F'(2|10) wird.
c) Verbinde jeden Punkt mit seinem Bildpunkt und die Bildpunkte in alphabetischer Reihenfolge.

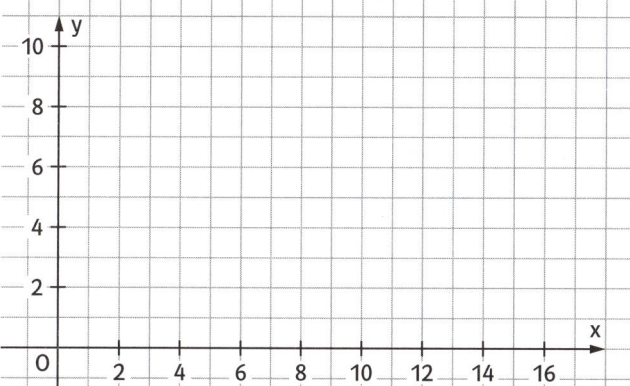

2 Verschiebe die Figuren in Richtung der eingezeichneten Verschiebungspfeile.

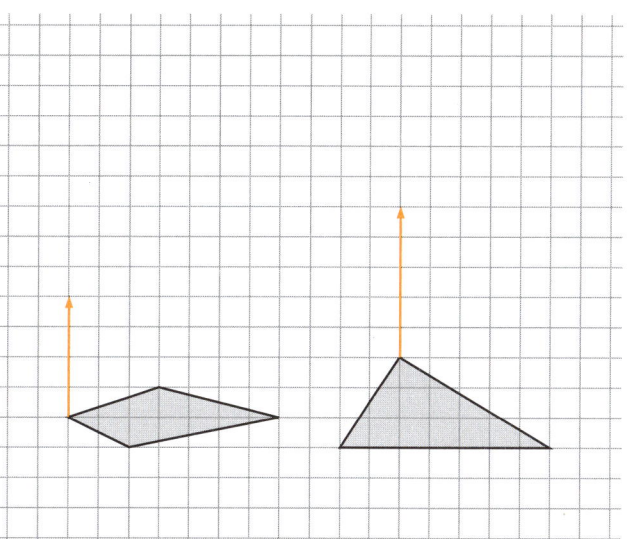

3 Verschiebe jede dieser Figuren dreimal. Zeichne die entstandenen Bilder jeweils in einer anderen Farbe.

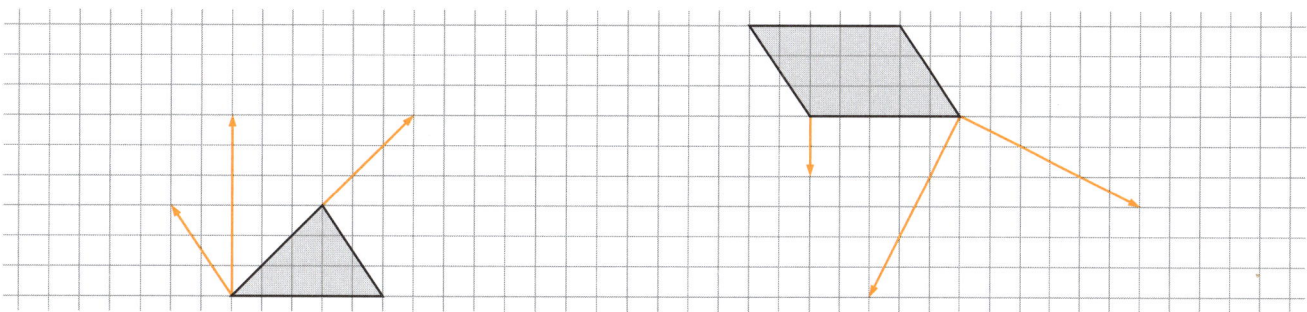

4 a) Verschiebe die Figur mit dem Verschiebungspfeil $\overrightarrow{AA'}$.
b) Vervollständige die Tabelle.
c) Wie lauteten die Koordinaten eines Punktes P(45|65), der nach der gleichen Vorschrift verschoben würde?

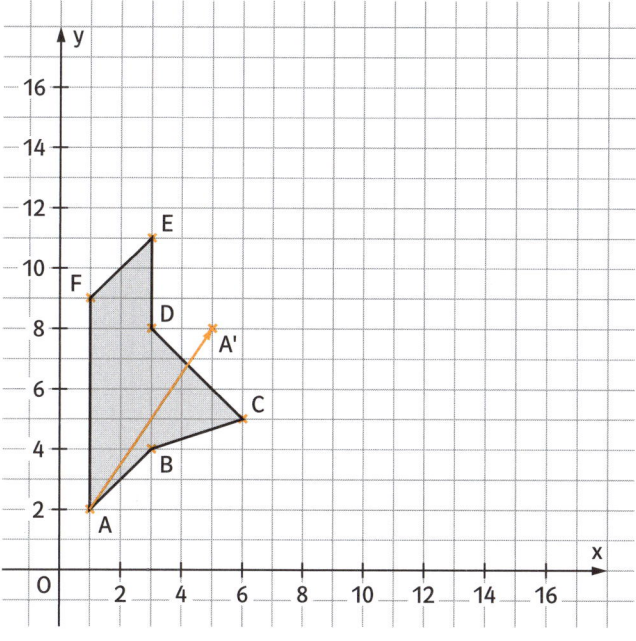

Punkt	Bildpunkt
A(1|2)	A'(☐ | ☐)
B(☐ | ☐)	B'(☐ | ☐)
C(☐ | ☐)	C'(☐ | ☐)
D(☐ | ☐)	D'(☐ | ☐)
E(☐ | ☐)	E'(☐ | ☐)
F(☐ | ☐)	F'(☐ | ☐)
P(45|65)	P'(☐ | ☐)

Drehung und Drehsymmetrie

1 Bei welchem kleinstmöglichen Drehwinkel ist das Bild der Figur deckungsgleich zu der Figur?

Beachte die
Drehrichtung:

a)

b)

c)

α = _____ α = _____ α = _____

2 Die grauen Figuren können durch Drehen in die orangen abgebildet werden.
Markiere jeweils das Drehzentrum und gib den Drehwinkel an.

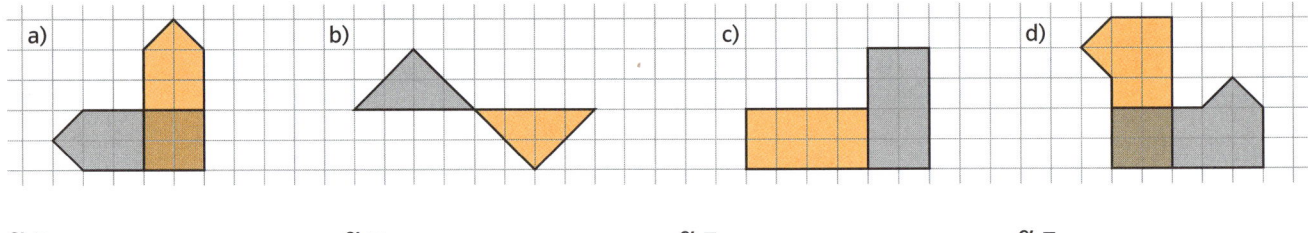

a) b) c) d)

α = _____ α = _____ α = _____ α = _____

3 a) Trage das Drehzentrum Z (6│4) sowie das Dreieck ABC durch A (9│6), B (4│6) und C (8│4) in das Koordinatensystem ein.
b) Konstruiere das Bilddreieck A′B′C′ bei einer Drehung um Z mit dem Drehwinkel 120°. Fülle dann die Tabelle aus.

c) Was fällt dir auf? _____

_____

_____

Länge der Strecke	$\overline{AB}$ =	$\overline{A'B'}$ =	Größe des Winkels	⊲ BAC =	⊲ B′A′C′ =
	$\overline{BC}$ =	$\overline{B'C'}$ =		⊲ CBA =	⊲ C′B′A′ =
	$\overline{CA}$ =	$\overline{C'A'}$ =		⊲ ACB =	⊲ A′C′B′ =

4 Färbe die Figuren unterschiedlich so ein, dass sie sich bei einer Vierteldrehung decken.

a) 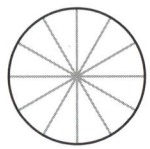 b) 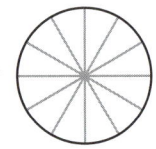 c) 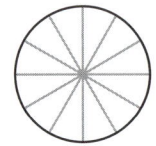 d) 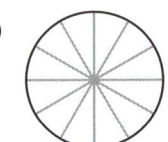 e) 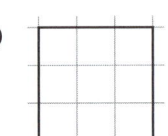 f)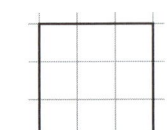

g) h) i) j) 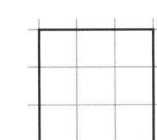 k) 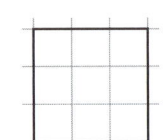 l)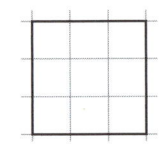

Kongruenz

1 Finde kongruente Paare der Figuren am Rand.

A ____ ≅ ____   ____ ≅ ____

____ ≅ ____   ____ ≅ ____

Zwei Figuren bleiben übrig, ____ und ____.

> Das Symbol ≅ ist das Gleichheitszeichen der Geometrie und bedeutet:
> „ist kongruent zu".

2 Ein Quadrat wird in den Bildern rechts in Teilfiguren zerlegt. In welchen Fällen entstehen dabei lauter kongruente Teilfiguren?

_____

Findest du weitere Möglichkeiten, das Quadrat in vier kongruente Teilfiguren zu zerlegen?

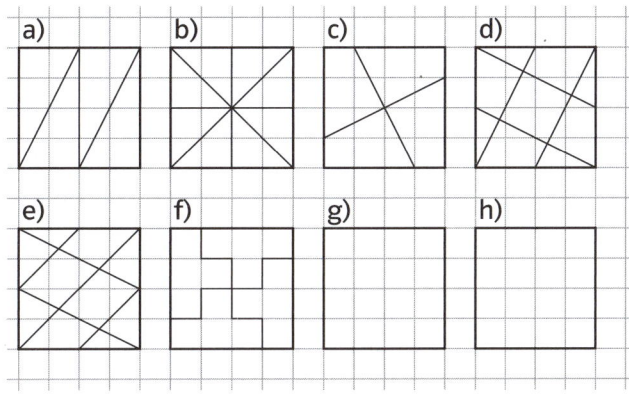

3 a) Zerlege die Figur (A) in vier kongruente Teilfiguren. Es gibt mehrere Lösungen.

b) Bei einer dieser Zerlegungen kannst du die vier kongruenten Teilfiguren zu einem Quadrat zusammenfügen. Zeichne zum Ausprobieren das Kreuz auf Karopapier ab und trage deine Lösung in das Quadrat rechts ein.

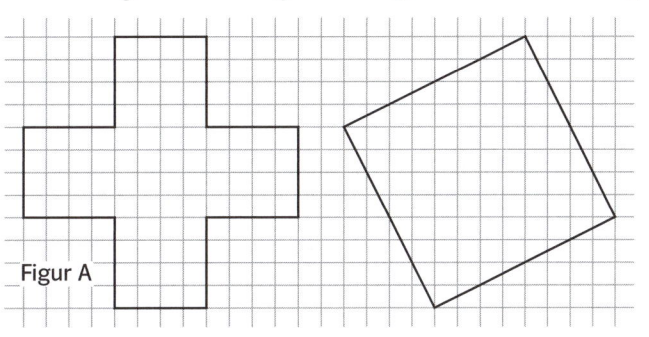

Figur A

Tipp: Die gesuchte Teilfigur findest du in der Randspalte.

4 Kongruente Figuren lassen sich durch Verschieben, Drehen und Spiegeln erzeugen. Zeichne das Dreieck A(1|0), B(3|2) und C(0|4) und seine folgenden Bilder:

a) Das Dreieck A'B'C' entsteht durch Spiegelung an einer Geraden.

b) Das Dreieck A"B"C" entsteht durch eine Punktspiegelung.

c) Das Dreieck A'''B'''C''' entsteht durch eine Verschiebung.

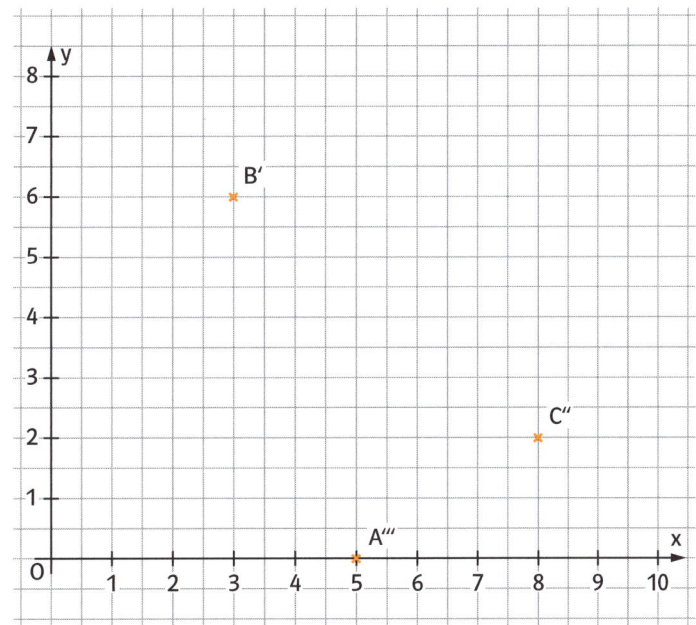

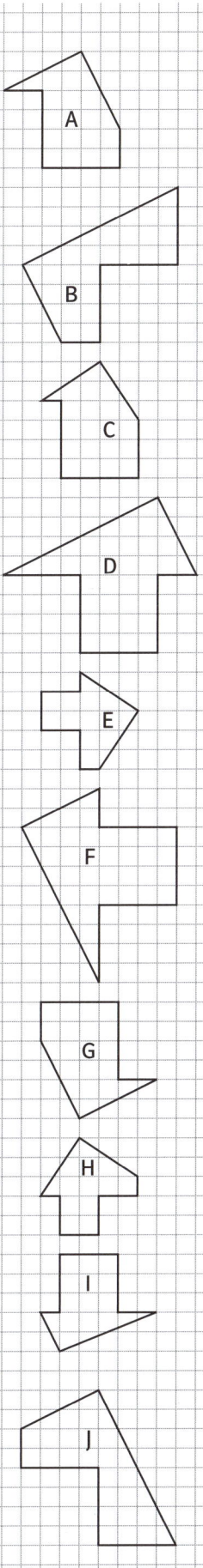

Lies dir den Text genau durch. Ergänze dann die Abbildungen..

■ Achsenspiegelung und achsensymmetrische Figuren

Bei jeder geometrischen Abbildung wird jedem
Punkt P ein Punkt P' zugeordnet.

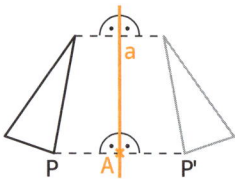

- Die Strecke $\overline{PP'}$ ist senkrecht zur Spiegelachse a
($\overline{PP'} \perp$ a).
- Die Punkte P und P' haben von der Spiegelachse
a denselben Abstand: $\overline{PA} = \overline{P'A}$

Ergänze zu einer achsen-
symmetrischen Figur.

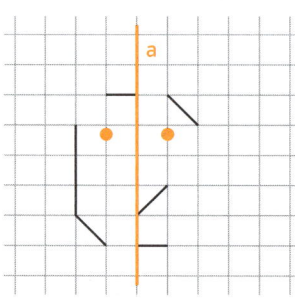

Zeichne die Symmetrie-
achse ein.

■ Punktspiegelung und punktsymmetrische Figuren

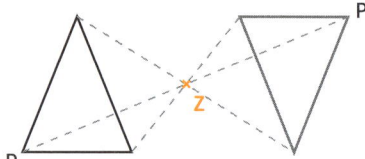

- P und P' liegen auf einer Geraden durch den
Punkt Z.
- P und P' haben den gleichen Abstand von Z.

Ergänze zu einer punkt-
symmetrischen Figur.

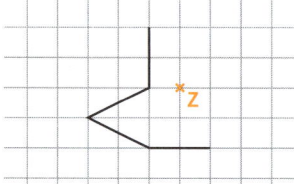

Zeichne das Symmetrie-
zentrum Z ein.

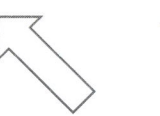

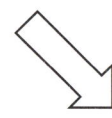

■ Verschiebung

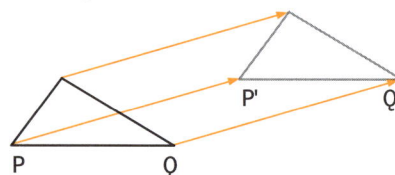

Die Verschiebungspfeile von P nach P' bzw. von Q
nach Q' sind parallel.
Sie haben die gleiche Richtung und sind gleich lang.

Zeichne die Bildfigur zu
der Verschiebung, wie
sie der Pfeil angibt.

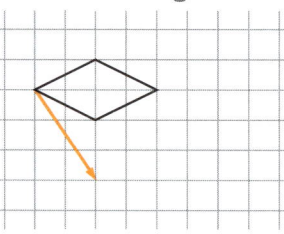

Zeichne den Verschie-
bungspfeil ein.

■ Drehung und drehsymmetrische Figuren

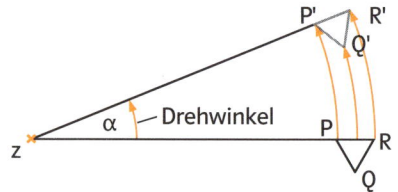

P und P' liegen auf einem Kreis um das Drehzentrum Z.
Der Drehwinkel $\alpha = \sphericalangle PZP'$ ist für alle Punkte gleich
groß.
Eine Drehung um 180° entspricht einer Punktspiegelung.

Ergänze zu einer dreh-
symmetrischen Figur
mit einem Drehwinkel
von 90°.

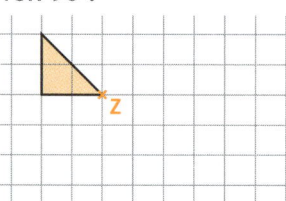

Wie groß muss der
Drehwinkel sein, damit
die Figur auf sich selbst
abgebildet wird?

$\alpha = $ _____

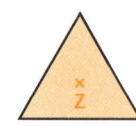

■ Kongruenz

Bildet man eine Figur durch eine oder mehrere der oben genannten Abbildungen ab, so sind Figur und Bild
deckungsgleich. Man sagt: Die beiden Figuren sind kongruent. Die vier Abbildungen sind also Kongruenz-
abbildungen.

1 Löse das Kreuzzahlrätsel (pro Kästchen eine Ziffer).

Waagerecht: b) Vielfaches von 25   Senkrecht: a) Teiler von 64
            c) Teiler von 10   b) Vielfaches von 6
            d) Teiler von 450   e) Teiler von 42
            f) Teiler von 39   g) Vielfaches von 103

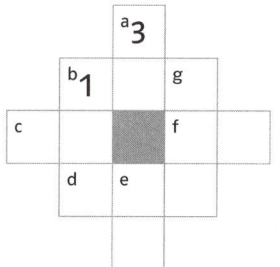

2 Erweitere den dargestellten Bruch zeichnerisch und notiere den erweiterten Bruch darunter.

a) Erweitere mit 3.   b) Erweitere mit 4.   c) Erweitere mit 2.   d) Erweitere mit 2.   e) Erweitere mit 4.

   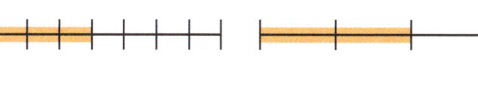

$\frac{1}{3} =$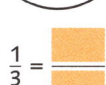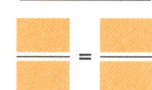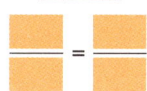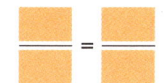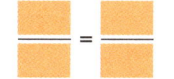

3 Berechne zuerst beide Seiten (Bruchdarstellung). Setze dann das richtige Vergleichszeichen (<, =, >).

a) $\rule{1cm}{0.4pt} = \frac{1}{2} + \frac{1}{3}$ ◻ $\frac{1}{3} + \frac{1}{4} = \rule{1cm}{0.4pt}$

b) $\rule{1cm}{0.4pt} = \frac{5}{6} - \frac{1}{7}$ ◻ $\frac{5}{6} - \frac{1}{8} = \rule{1cm}{0.4pt}$

c) $\rule{1cm}{0.4pt} = \frac{3}{4} - \frac{1}{3}$ ◻ $\frac{2}{6} + \frac{1}{12} = \rule{1cm}{0.4pt}$

d) $\rule{1cm}{0.4pt} = \frac{1}{2} - \frac{7}{15}$ ◻ $\frac{1}{3} - \frac{2}{10} = \rule{1cm}{0.4pt}$

e) $\rule{1cm}{0.4pt} = \frac{2}{5} - \frac{1}{6}$ ◻ $\frac{1}{5} + \frac{1}{15} = \rule{1cm}{0.4pt}$

f) $\rule{1cm}{0.4pt} = \frac{1}{4} + \frac{5}{6}$ ◻ $\frac{2}{3} + \frac{3}{8} = \rule{1cm}{0.4pt}$

4 Schreibe die Größen stellengerecht untereinander und berechne. Wandle, wo nötig, in eine andere Einheit um.

a) 213,21 € + 12 € + 333 ct   b) 65,044 kg − 12,4 kg − 433 g   c) 129 km + 21,005 km + 76 m

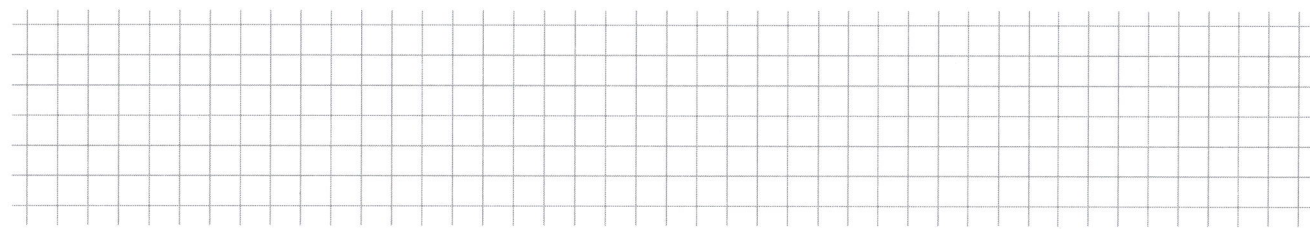

5 Winkel messen und berechnen

a) Trage ins Koordinatensystem die Punkte A(2|14), B(1|7), C(8|8), D(4|2), E(12|4), F(14|13), G(15|6) ein.
b) Verbinde die Punkte in alphabetischer Reihenfolge zu einem Streckenzug.
c) Zeichne nun alle angegebenen Winkel ein und fülle die Tabelle aus.

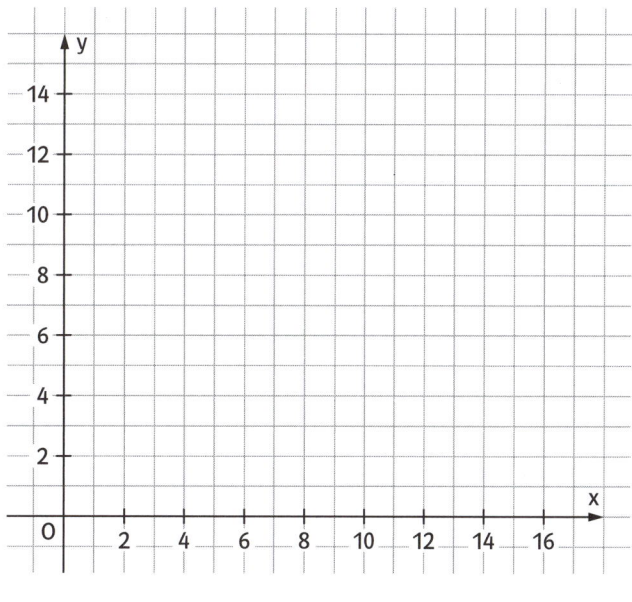

Gemessener Winkel	Berechneter Winkel
∢ ABC =	∢ CBA =
∢ BCD =	∢ DCB =
∢ DEF =	∢ FED =
∢ EFG =	∢ GFE =

6 Bodo hat seinem Freund eine geheime Botschaft geschickt. Kannst du sie entschlüsseln?

7 Welche der Fähnchen B bis F könnten durch
a) Achsenspiegelung:

_____

b) Verschiebung:

_____

c) Drehung:

_____

aus Figur A entstanden sein?

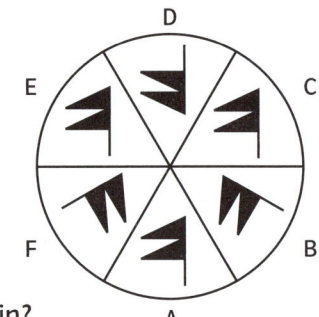

8 Finde in der zweiten Figur die kongruenten Teilstücke aus der ersten Figur.

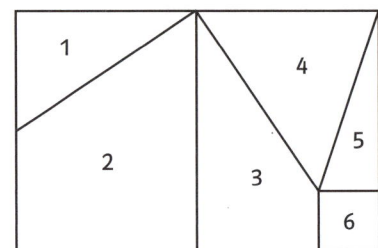
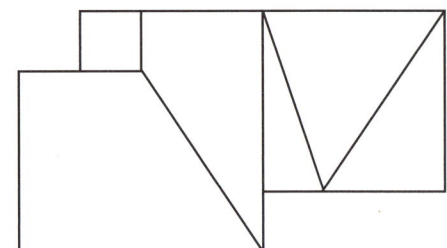

9 Vervollständige das Rechennetz.

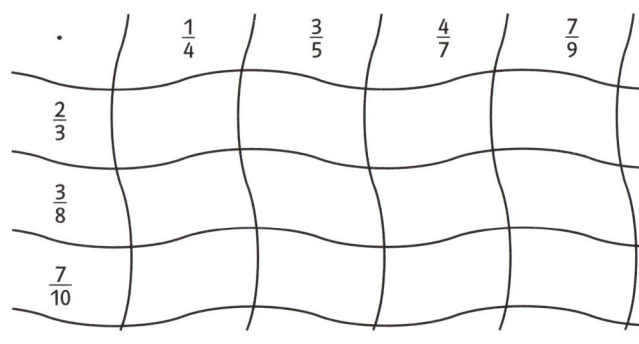

10 Rechne im Kopf und gib das Ergebnis als vollständig gekürzten Bruch an.

a) $\frac{3}{4} : \frac{1}{4}$ =

b) $\frac{3}{2} : \frac{3}{4}$ =

c) $5 : \frac{1}{3}$ =

d) $\frac{15}{2} : 3$ =

e) $\frac{3}{5} : \frac{3}{4}$ =

f) $\frac{2}{5} : \frac{9}{10}$ =

g) $\frac{3}{5} : \frac{9}{25}$ =

h) $\frac{8}{9} : \frac{9}{8}$ =

11 Setze die drei Zahlen so ein, dass das gewünschte Ergebnis entsteht. Notiere Rechnung und Ergebnis.

a) 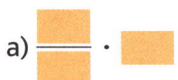 ·   b)  :

Größtmögliches Ergebnis: a) _____   b) _____

Kleinstmögliches Ergebnis: a) _____   b) _____

12 Berechne.

a) 4,20 : 1,2 = _____   b) 861,8 : 12,4 = _____   c) 4,914 : 0,06 = _____   d) 14,4 : 2,88 = _____

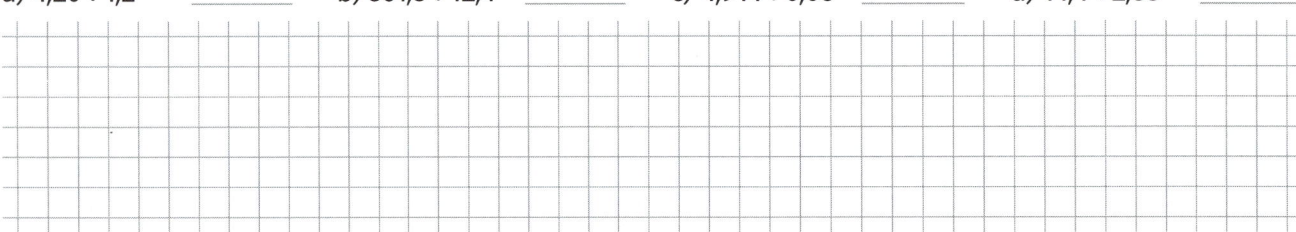

Versuchsreihen ergeben Wahrscheinlichkeiten (1)

1 Betrachte das Glücksrad. Bei dem orangen Feld erhältst du den Hauptgewinn, bei einem grauen Feld erhältst du einen Trostpreis und bei einem weißen Feld hast du verloren.

a) Wie groß ist die Wahrscheinlichkeit, den Hauptgewinn zu erzielen? _____

b) Wie groß ist die Wahrscheinlichkeit, einen Trostpreis zu erhalten? _____

c) Wie groß ist die Wahrscheinlichkeit für eine Niete? _____

2 In einer Klasse sind 17 Mädchen und 11 Jungen. Der Fußballverein des Ortes hat der Klasse eine Freikarte für das nächste Heimspiel zur Verfügung gestellt. Diese soll jetzt verlost werden. Dazu haben die Kinder ihre Namen auf Zettel geschrieben.

a) Die Wahrscheinlichkeit dafür, dass die Freikarte an einen Jungen geht,

beträgt_____.

b) Die Wahrscheinlichkeit dafür, dass die Freikarte von einem Mädchen

gewonnen wird, beträgt _____.

3 Du würfelst mit einem normalen Spielwürfel. Gib jeweils die günstigen Ausgänge an und berechne ihre Wahrscheinlichkeiten.

a) Die gewürfelte Zahl ist eine Sechs.

Günstige Ausgänge: _____

Wahrscheinlichkeit: _____

b) Die gewürfelte Zahl ist gerade.

Günstige Ausgänge: _____

Wahrscheinlichkeit: _____

c) Die gewürfelte Zahl ist ein Teiler von 6.

Günstige Ausgänge: _____

Wahrscheinlichkeit: _____

d) Die gewürfelte Zahl ist kleiner als fünf.

Günstige Ausgänge: _____

Wahrscheinlichkeit: _____

4 Veronica behauptet: „Die Wahrscheinlichkeit, mit dem abgebildeten Würfel eine Sechs zu werfen, liegt bei $\frac{1}{8}$, ist also kleiner als bei einem normalen Würfel." Veronica probiert es aus und erhält die folgende Tabelle für die absoluten Häufigkeiten nach 20, 100, 450 Würfen.

a) Berechne die zugehörigen relativen Häufigkeiten auf zwei Nachkommastellen genau und trage sie in die rechte Tabelle ein.

b) Schätze nun die Wahrscheinlichkeiten (in Prozent) und trage die Werte in die Tabelle ein. Stimmt Veronicas Behauptung?

gewürfelte Zahl		1	2	3	4	5	6	7	8
Anzahl der Würfe	20	3	1	4	4	2	1	4	1
	100	15	7	11	16	13	16	14	8
	450	52	51	62	60	62	56	52	55

gewürfelte Zahl		1	2	3	4	5	6	7	8
Anzahl der Würfe	20								
	100								
	450								
Wahrschein-lichkeit									

Versuchsreihen ergeben Wahrscheinlichkeiten (2)

1 Gestalte die Glücksräder so, dass es ein faires Spiel für die angegebene Personenzahl gibt. Gib für die leeren Räder einen weiteren Vorschlag an.

a) für zwei Personen

b) für drei Personen

2 Welche der folgenden Geräte sind Zufallsgeräte? Kreuze an.

a)
☐ Würfel

b)
☐ Spielstein

c)
☐ Münze

d)
☐ Kilometerzähler

e)
☐ Wecker

3 Welche der folgenden Vorgänge sind Zufallsexperimente? Entscheide. Wenn es sich um ein Zufallsexperiment handelt, nenne zwei mögliche Ergebnisse des Experiments.

Vorgang	Ja	Nein	Mögliche Ergebnisse
a) Eine Autofarbe wird ausgesucht.	○	○	
b) Ein Farbenwürfel wird geworfen.	○	○	
c) Eine CD wird mit geschlossenen Augen aus dem Regal genommen.	○	○	
d) Ein Glücksrad mit den Sektoren „Gewinn" und „Niete" wird gedreht.	○	○	
e) Ein Blinker beim Auto wird gesetzt.	○	○	
f) Ein Lottoschein wird ausgefüllt und abgegeben.	○	○	

4 Beim Würfelspiel „Kniffel" würfelt man mit fünf Würfeln. Jeder Spieler hat drei Würfe. Nach jedem Wurf kann man so viele Würfel in den Becher zurücklegen, wie man möchte.

a) Peter hat bereits zweimal gewürfelt. Er möchte möglichst viele Sechsen würfeln. Vier Sechsen hat er schon herausgelegt. Er legt einen Würfel in den

Becher zurück. Welche Ergebnisse sind möglich? _____

_____

Er hofft, dass er noch eine Sechs würfelt, da er für fünf gleiche Würfel (das ist ein Kniffel) 50 Punkte erhält. Die Chance darauf ist ☐ eher hoch ☐ eher gering.

b) Auch Marita hat zweimal gewürfelt. Sie hat eine „Straße" herausgelegt. Sie legt einen Würfel in den Becher zurück. Welche Ergebnisse sind möglich?

_____

Sie hofft darauf, dass sie entweder eine Eins oder eine Sechs würfelt, da sie dann eine „Große Straße" hat, für die sie 40 Punkte bekommt. Die Chance darauf ist ☐ eher hoch ☐ eher gering.

Zusammenfassen von Ergebnissen – Summenregel (1)

1 Für ein Spiel bei ihrer Geburtstagsfeier hat Petra mehrfach auf Tischtennisbälle die Buchstaben ihres Namens geschrieben. Sie mischt die Bälle in einer Glückstrommel. Aus der Trommel wird blind ein Ball gezogen. Bestimme die Wahrscheinlichkeiten für folgende Ergebnisse: Der gezogene Buchstabe

a) ist ein P: _____

b) ist kein R: _____

c) ist ein A: _____

d) ist orange: _____

e) ist ein Konsonant: _____

f) ist ein T und ist orange: _____

g) ist ein Vokal: _____

h) ist grau und ein E oder ein R: _____

2 Beim Mensch-ärgere-dich-nicht-Spiel hat Ayse die orangen, Thorsten die grauen Spielfiguren. Erst würfelt Ayse, dann Thorsten.

a) Was muss Ayse würfeln, damit ihre Spielfigur in Sicherheit ist?

_____

b) Wie groß ist die Wahrscheinlichkeit dafür, dass Ayse ihre

Spielfigur in Sicherheit bringen kann? _____

c) Mit welcher Augenzahl kann Ayse Thorsten hinauswerfen? _____

d) Wie groß ist die Wahrscheinlichkeit dafür, dass Ayse Thorsten hinauswerfen kann? _____

e) Ayse hat eine Zwei gewürfelt. Jetzt darf Thorsten würfeln. Was muss er würfeln, damit er Ayse

hinauswerfen kann? _____

f) Wie groß ist die Wahrscheinlichkeit dafür, dass Thorsten Ayse hinauswerfen kann? _____

3 Male die Kugeln in dem Behälter in den Farben Orange, Gelb und Grau so an, dass
a) die Wahrscheinlichkeit, eine orange oder eine gelbe Kugel zu ziehen, 80 % beträgt (Abbildung A).
b) die Wahrscheinlichkeit, eine orange oder eine graue Kugel zu erwischen, 30 % beträgt (Abbildung B).
c) die Wahrscheinlichkeit, eine gelbe oder eine graue Kugel zu ziehen, 50 % ist (Abbildung C).

A

B

C

4 Die Fußballmannschaft übt gerade das Elfmeterschießen. Jedes Teammitglied hat genau drei Versuche. Dabei wird das Tor zu 40 % einmal, zu 10 % zweimal, zu 5 % dreimal und zu 45 % nicht getroffen.
a) Wie groß ist die Wahrscheinlichkeit, dass ein zufällig ausgewählter Spieler das

Tor mindestens einmal trifft? _____

b) Wie groß ist die Wahrscheinlichkeit, dass er mindestens einen Elfmeter

verschießt? _____

Zusammenfassen von Ergebnissen – Summenregel (2)

1 Du ziehst jeweils eine Kugel aus dem Behälter.
a) Gib die Wahrscheinlichkeit an, eine orange Kugel zu ziehen.

_____ _____ _____ _____

b) Wie oft wird etwa eine orange Kugel gezogen, wenn du das Experiment 200-mal durchführst?

_____ _____ _____ _____

2 Wie groß sind die Wahrscheinlichkeiten,
a) die Zahlen 1 oder 5 zu würfeln?

$$\frac{1}{6} + \frac{1}{6} = \frac{2}{6} = \frac{1}{3}$$

b) die Zahlen 2, 4, 3 oder 5 zu würfeln?

_____

c) mit einem 12-seitigen Würfel eine 1, 2, 3 oder 4 zu würfeln?

_____

d) bei dem Glücksrad eine 3 oder 4 zu drehen?

_____

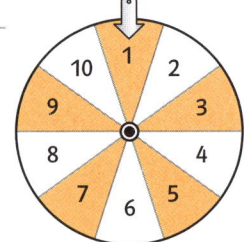

e) bei dem Glücksrad eine Zahl, die größer als 5 ist, zu drehen?

_____

3 Hier siehst du ein Glücksrad. Hanno gewinnt, wenn eine kleinere Zahl als 4 kommt, Jörg gewinnt bei den anderen Zahlen.

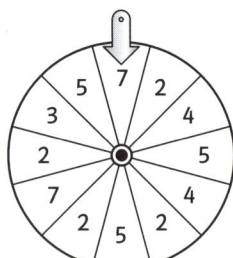

a) Male Hannos Gewinnfelder rot an und die von Jörg blau.

b) _____ hat die besseren Gewinnchancen.

Die Wahrscheinlichkeit beträgt für ihn _____ .

Die Wahrscheinlichkeit für einen Gewinn von _____

beträgt _____ .

4 In einer Urne sind drei Kugeln mit den Zahlen von eins bis drei. Die Kugeln werden gezogen, bis die Urne leer ist. Gib die Wahrscheinlichkeit jeweils mit einem Bruch und in Prozent an.
a) Welche Zahlenkombinationen sind möglich? Liste sie auf.

_____ _____ _____ _____ _____ _____

b) Mit welcher Wahrscheinlichkeit ziehst du die „321"? ▭ ≈ _____

c) Mit welcher Wahrscheinlichkeit hat man die „3" an letzter Stelle? ▭ ≈ _____

d) Mit welcher Wahrscheinlichkeit ist die Zahl ungerade? ▭ ≈ _____

e) Wenn noch eine weitere Kugel mit einer „4" dazu kommt, wie viele Möglichkeiten gibt es dann? _____

Die Wahrscheinlichkeit, als Ergebnis eine gerade Zahl zu erhalten, beträgt dann ▭ = _____ .

Mehrstufige Zufallsversuche – Pfadregel

1 Aus der Urne wird zweimal eine Kugel gezogen und wieder zurückgelegt.
a) Schreibe an die Pfade des Baumdiagramms die Wahrscheinlichkeiten.
b) Trage die Wahrscheinlichkeiten für die Ergebnisse nach zwei Ziehungen unterhalb der Pfade ein.
c) Schreibe in die Tabelle, wie hoch die Wahrscheinlichkeit ist, mit einer bzw. zwei Ziehungen keine, eine oder zwei orange Kugeln zu ziehen.
Tipp: Summenregel anwenden.

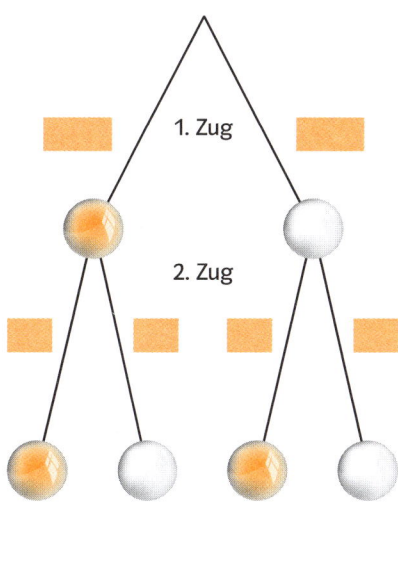

	Anzahl der gezogenen orangen Kugeln:		
	0	1	2
1. Ziehung	$\frac{4}{10}$	$\frac{6}{10}$	–
2. Ziehung	$\frac{4}{10} \cdot \frac{4}{10} = \frac{16}{100}$		

2 Aus der Urne wird ohne Zurücklegen zweimal ein Würfel gezogen.
a) Schreibe an die Pfade des Baumdiagramms die Wahrscheinlichkeiten.
b) Trage die Wahrscheinlichkeiten für die Ergebnisse nach zwei Ziehungen unterhalb der Pfade ein.
c) Schreibe in die Tabelle, wie hoch die Wahrscheinlichkeit ist, mit einer bzw. zwei Ziehungen keinen, einen oder zwei orange Würfel zu ziehen.
Tipp: Summenregel anwenden.

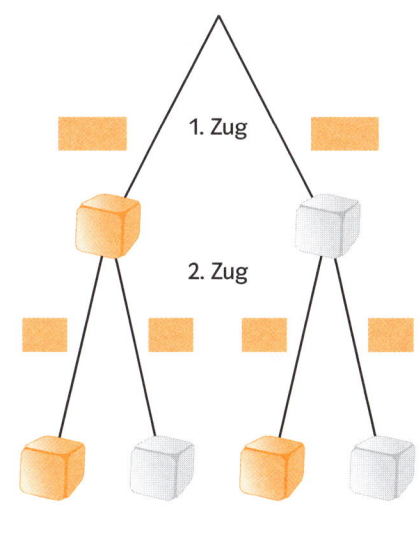

	Anzahl der gezogenen orangen Würfel:		
	0	1	2
1. Ziehung	$\frac{4}{10}$	$\frac{6}{10}$	–
2. Ziehung	$\frac{4}{10} \cdot \frac{3}{9} = \frac{12}{90}$		

3 Drei Glücksräder werden bei einem Schulfest gedreht.
Tom setzt bei allen auf Orange, weil es seine Lieblingsfarbe ist.
a) Wie groß ist die Wahrscheinlichkeit, dass er in allen drei Fällen gewinnt?

b) Wie groß ist die Wahrscheinlichkeit, dass er in zwei Fällen gewinnt?
Schreibe zuerst alle drei Möglichkeiten hierfür auf:

Die Wahrscheinlichkeit für zwei Gewinne ist also:

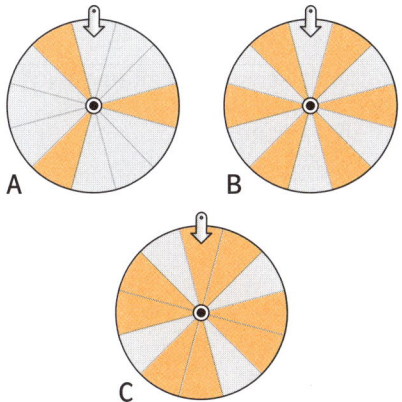

Fülle die Lücken mit den Angaben auf den Zetteln. Trage die Buchstaben in der Reihenfolge der Lücken in das Lösungswort ein.

Wahrscheinlichkeit

Mit der Wahrscheinlichkeit wird angegeben, welchen

_____ man für ein bestimmtes

Ereignis bei vielen Wiederholungen eines Zufallsver-

suchs erwartet.

Absolute, relative Häufigkeiten und Wahrscheinlichkeiten

Die _____ Häufigkeit eines Ergebnisses

gibt an, wie oft das Ergebnis aufgetreten ist.

_____ Häufigkeit = $\dfrac{\text{absolute Häufigkeit}}{\text{Gesamtzahl}}$

Führt man das Zufallsexperiment oft durch, so gilt die relative Häufigkeit eines Ereignisses als

Schätzwert für die _____.

Summenregel

Gehören zu einem Ereignis mehrere Ergebnisse, so muss man die Wahrscheinlichkeiten aller

_____ addieren.

Pfadregel

Mehrstufige Zufallsversuche stellt man in

_____ dar.

Die Wahrscheinlichkeit eines Ergebnisses erhält man, indem man die Wahrscheinlichkeiten entlang seines

Pfads _____.

Die Wahrscheinlichkeiten aller Äste, die von einem

Knoten ausgehen, _____ sich zu 1.

Zu jedem Ergebnis des Gesamtversuchs existiert ein Pfad.

Beispiele:

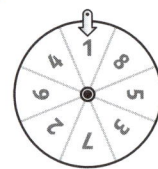

Mögliche Ergebnisse:
1; 2; 3; 4; 5; 6; 7; 8

Ereignis:
- Gerade Zahl (Ergebnisse: 2; 4; 6 oder 8)
- Zahl kleiner als 4 (Ergebnisse: 1; 2 oder 3)

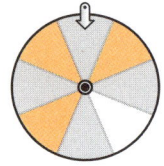

Für das Glücksrad mit farbigen Sektoren ergab sich folgende Verteilung bei 1000 Drehungen:

Ergebnis	orange	weiß	grau
absolute Häufigkeit	373	129	498
relative Häufigkeit	$\dfrac{373}{1000}$	$\dfrac{129}{1000}$	$\dfrac{498}{1000}$
geschätzte Wahrscheinlichkeit	37,3 %	12,9 %	49,8 %

Anteil	**T**		absolute	**R**
Ergebnisse	**N**		Wahrscheinlichkeit	**I**
addieren	**G**		multipliziert	**N**
Baumdiagrammen	**I**		Relative	**A**

Glücksrad mit Zahlen – Ereignis: Zahl ist durch 3 teilbar
Ergebnisse: 3; 6
Die Wahrscheinlichkeit dieses Ereignisses (Summenregel) beträgt: $\frac{1}{8} + \frac{1}{8} = \frac{2}{8}$.

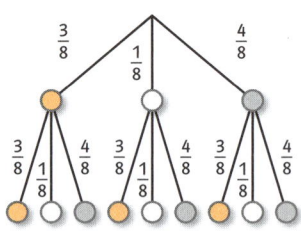

Die Wahrscheinlichkeit für das Ereignis „oranges oder weißes Feld" berechnet sich mit der Summenregel:
$\frac{3}{8} + \frac{1}{8} = \frac{4}{8} = 50\,\%$

Zweimaliges Drehen des Glücksrads:
Die Wahrscheinlichkeit, zweimal Weiß zu erhalten (Pfadregel), beträgt:
$\frac{1}{8} \cdot \frac{1}{8} = \frac{1}{64}$

Lösungswort: T _ _ _ _ _ _ _ _

Besondere Dreiecke

1 Zeichne ein gleichschenkliges Dreieck.

a) Die Basis ist gegeben, die Schenkel sind 4 cm lang.

b) Die Basis ist vorgegeben, der Basiswinkel ist 45° groß.

c) Die Schenkel sind gegeben, der von ihnen eingeschlossene Winkel γ ist 80° groß.

2 a) Welche Vierecke lassen sich aus zwei gleich großen gleichschenkligen Dreiecken legen? Zeichne deine Ergebnisse auf.

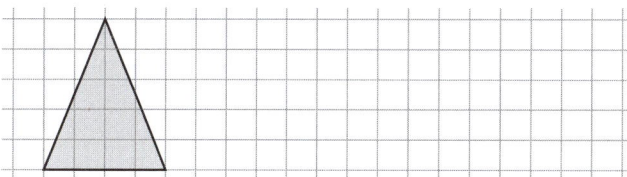

b) Welche Vierecke kannst du aus zwei gleich großen gleichseitigen Dreiecken legen?

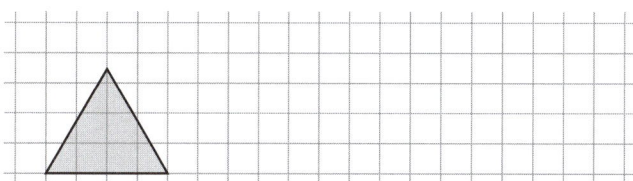

c) Schreibe die Namen der Vierecke zu den Abbildungen.

3 a) Zeichne drei gleichschenklige Dreiecke aus: c = 6 cm, den Basiswinkeln $\alpha_1 = 50°$, $\alpha_2 = 60°$ und $\alpha_3 = 70°$.

—————————— c ——————————

b) Fülle dann die Lücken: Je größer der

_____ , umso _____ die Schenkel.

4 a) Notiere alle gleichseitigen Dreiecke, die du in den Figuren A und B finden kannst.

Figur A: △ ABC, _____

_____

Figur B: _____

_____

Figur A

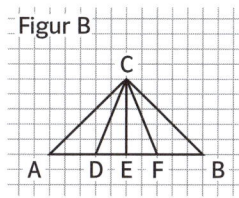

b) Welche gleichschenkligen Dreiecke kannst du zusätzlich finden?

Figur A: _____

_____

Figur B: _____

_____

Figur B

5 Die Fische Plitsch und Platsch treffen sich im Punkt A. Als ein Hai sie erschreckt, fliehen beide erfolgreich mit gleicher Geschwindigkeit entlang der Linien a und b. Nach einiger Zeit möchten sie sich wieder treffen, keiner der beiden will nun aber einen längeren Weg zurücklegen als der andere. Der Treffpunkt beider Fische liegt immer auf der

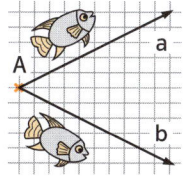

_____ .

Zeichne die Linie in der Planskizze ein.

Winkel an Geradenkreuzungen

1 Kennzeichne die angegebenen Paare gleicher Winkel jeweils mit einer Farbe.

a) alle Scheitelwinkel

b) alle Stufenwinkel

c) alle Wechselwinkel

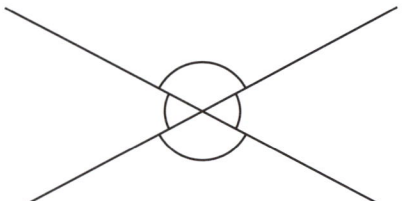 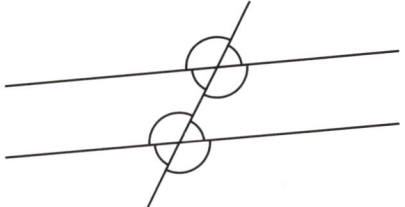 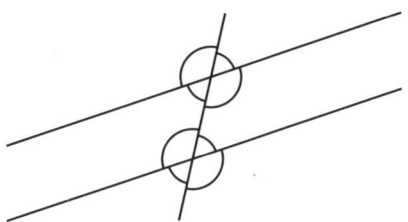

2 Die Geraden g und h sind parallel. Wie groß sind die Winkel α und β? Welche Winkelsätze hast du angewendet? (Schreibe **NW** für Nebenwinkel, **SchW** für Scheitelwinkel, **StW** für Stufenwinkel und **WW** für Wechselwinkel.)

> Scheitelwinkel sind gleich groß.

a)

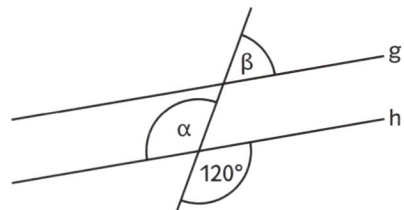

b)

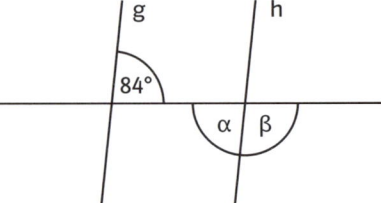

c)

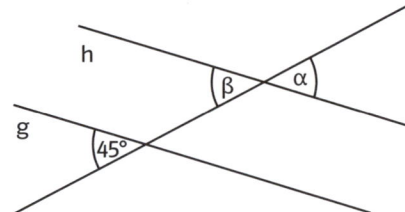

$\alpha =$ _____ als _____

$\beta =$ _____ als _____

$\alpha =$ _____ als _____

$\beta =$ _____ als _____

$\alpha =$ _____ als _____

$\beta =$ _____ als _____

3 Bestimme für die Zeichnungen die Winkel α_1 bis α_8. Trage die Werte in die Tabelle ein und berechne jeweils die Lösungswinkel. Die zugehörigen Lösungsbuchstaben erhältst du so:

Lösungswinkel $13°$ bedeutet: der 13. Buchstabe im Alphabet: M

> Nebenwinkel ergeben zusammen 180°.

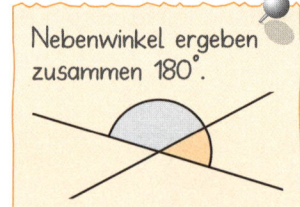

Rechnung	Lösungswinkel	Buchstabe
$(\alpha_1 - 7°) : 5 = (72° - 7°) : 5$	13°	M
$\alpha_2 : 12 - 8° =$		
$(\alpha_3 - 12°) : 3 =$		
$(\alpha_4 - 33°) : 10 =$		
$(\alpha_5 - 4°) : 21 =$		
$\alpha_6 : 2 - 20° =$		
$(\alpha_7 - 10°) : 3 =$		
$(\alpha_8 + 24°) : 5 =$		

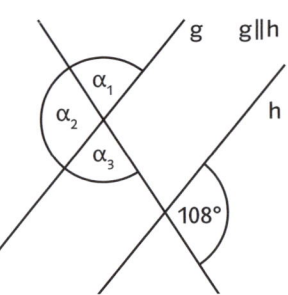

4 Sind die Geraden g und h parallel? Berechne die anderen Winkel, die du auf dem Blatt erkennst.

Trage die Winkel und ihre Größen ein.

a) g _____ h

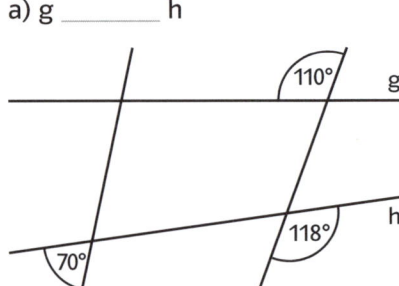

b) g _____ h

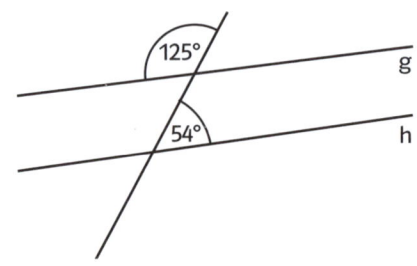

1 Berechne alle fehlenden Winkel und trage sie ein.

a)

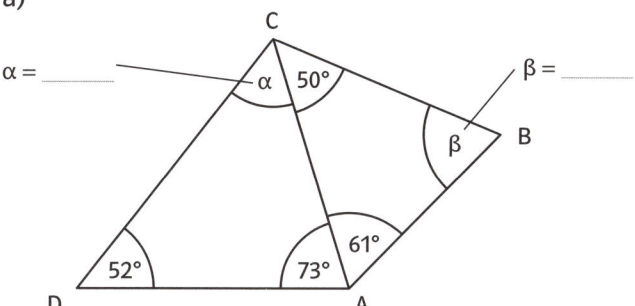

α = _____   β = _____

b)

α = _____

β = _____

2 Berechne, falls möglich, die fehlenden Winkel im Dreieck.

	α	β	γ
a)	59°	86°	
b)	145°	55°	
c)	14°		140°
d)		90°	34°
e)	60°		75°
f)		45°	105°

3 Im Dreieck ist ein Winkel von 87° vorgegeben. Schreibe fünf Möglichkeiten für die beiden fehlenden Winkel auf.

a)		
b)		
c)		
d)		
e)		

4 Berechne alle Winkel; w ist die Winkelhalbierende des rechten Winkels. Schreibe die Größe der gekennzeichneten Winkel in die Zeichnung.

5 Berechne alle fehlenden Winkel und trage sie in die Tabelle ein.

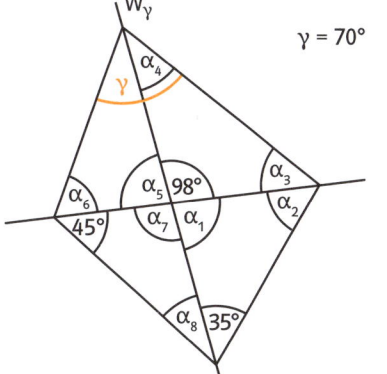

γ = 70°

α_1	
α_2	
α_3	
α_4	
α_5	
α_6	
α_7	
α_8	

6 Berechne auch hier alle fehlenden Winkel und trage sie in die Tabelle ein. g und h sind parallel.

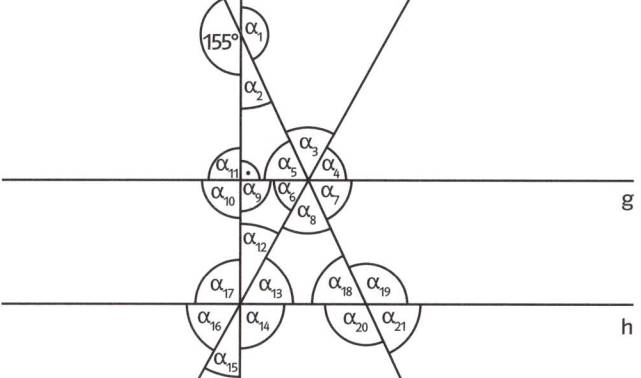

α_1		α_8		α_{15}	
α_2		α_9		α_{16}	
α_3		α_{10}		α_{17}	
α_4	60°	α_{11}		α_{18}	
α_5		α_{12}		α_{19}	
α_6		α_{13}		α_{20}	
α_7		α_{14}		α_{21}	

Winkelsummen (2)

1 Trage die fehlenden Winkelgrößen ein. Diese besonderen Vierecke besitzen Namen. Notiere sie.

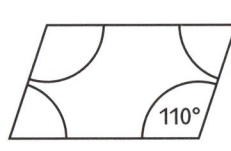 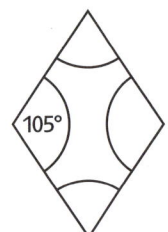 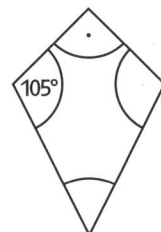 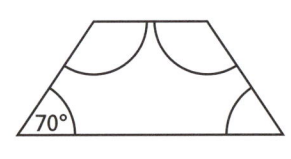

_____ _____ _____

2 Die Winkelsumme im Viereck beträgt _____°.

Trage den fehlenden Winkel in die Tabelle ein.

4-Eck	α	β	γ	δ
a)	60°	95°	125°	
b)	63°	55°		145°
c)	25,5°	87,3°	140°	

3 Die Winkelsumme im Fünfeck beträgt _____°.

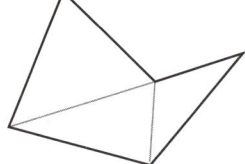

Trage auch hier die fehlenden Winkel ein.

5-Eck	α	β	γ	δ	ε
a)		90°	34°	145,2°	212,3°
b)	90°	90°	115°		122,3°
c)	98,8°		73,2°	45°	245°

4 Bestimme die fehlenden Winkelgrößen.

a)
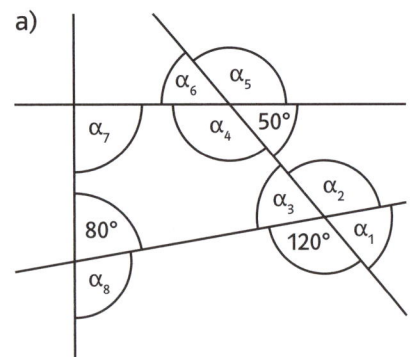

α₁	α₂	α₃	α₄	α₅	α₆	α₇	α₈
60°							

b) g‖h
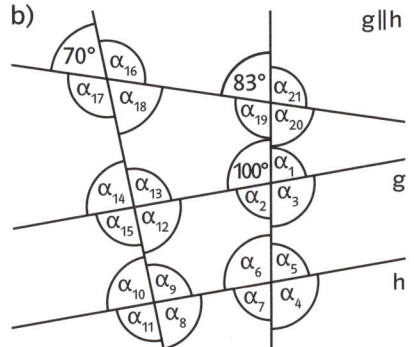

α₁	α₂	α₃	α₄	α₅	α₆	α₇	α₈	α₉	α₁₀	α₁₁

α₁₂	α₁₃	α₁₄	α₁₅	α₁₆	α₁₇	α₁₈	α₁₉	α₂₀	α₂₁

c)
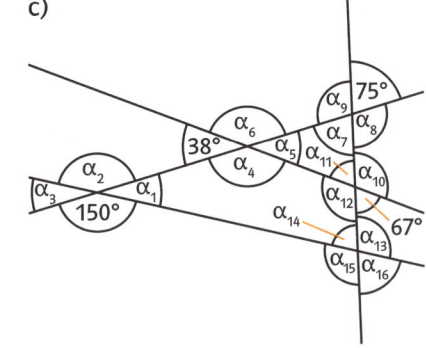

α₁	α₂	α₃	α₄	α₅	α₆	α₇	α₈

α₉	α₁₀	α₁₁	α₁₂	α₁₃	α₁₄	α₁₅	α₁₆

5 a) Wie viele Ecken besitzt ein Vieleck mit einer Winkelsumme von 720°? _____

b) Wie groß wird die Winkelsumme, wenn zwei Ecken hinzukommen?
_____

c) Gibt es ein Vieleck mit der Winkelsumme 39 960°? Begründe.

_____

Konstruktion mit Zirkel und Lineal (1)

1 Siegfried hat zur Übung Konstruktionsbeschreibungen zum Thema Mittelsenkrechte (M) und Winkelhalbierende (W) auf Kärtchen geschrieben und gemischt hingelegt. Ordne die Beschreibungen dem Thema („M" oder „W") zu. Nummeriere sie abschließend.

Gegeben sind zwei Punkte: A und B.	Ich verbinde die beiden Schnittpunkte S_1 und S_2 der Bögen.	Gegeben sind zwei Geraden g_1 und g_2 mit einem gemeinsamen Schnittpunkt Z.

Ich zeichne die Strecke $\overline{AB}$.

Ich zeichne einen Kreisbogen um P_1 und, mit dem gleichen Radius, einen Kreisbogen um P_2.

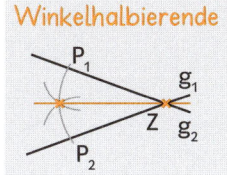
Mittelsenkrechte

Ich zeichne einen Kreisbogen um A (Radius > $\frac{1}{2}\,\overline{AB}$). Mit dem gleichen Radius einen Kreisbogen um B.

Ich verbinde den Schnittpunkt der Kreisbögen mit Z.

W 5 Ich erhalte die Winkelhalbierende. Auf ihr liegen alle Punkte, die zu den Geraden die gleiche Entfernung haben.

M 5 Ich erhalte die Mittelsenkrechte. Auf ihr liegen alle Punkte, die von A und B gleich weit entfernt sind.

Ich zeichne einen Kreisbogen um Z. Dieser schneidet die Geraden in P_1 und P_2.

Winkelhalbierende

2 Bei der Benutzung der Handys in Neustadt und Altenburg gibt es immer öfter Probleme. Deshalb möchte die Betreibergesellschaft FreeHand einen neuen Sendemast aufstellen. Er soll natürlich von beiden Stadtzentren gleich weit entfernt sein und außerhalb des militärischen Sperrbezirks liegen. Zeichne mögliche Standorte ein.

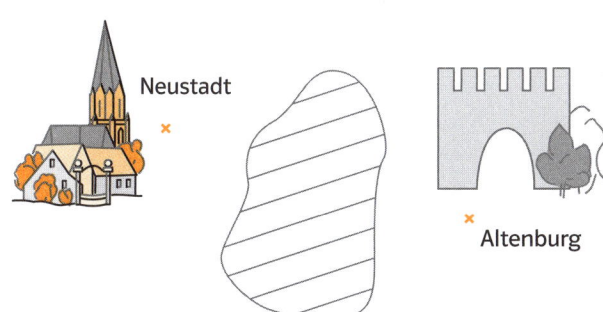

Neustadt

Altenburg

3 Zeichne vier Punkte A(1|3), B(4|0), C(6|2) und D(8|5). Konstruiere die Mittelsenkrechte zu $\overline{AB}$ und $\overline{CD}$. Wo liegt der Schnittpunkt der Mittelsenkrechten?

S (___ | ___)

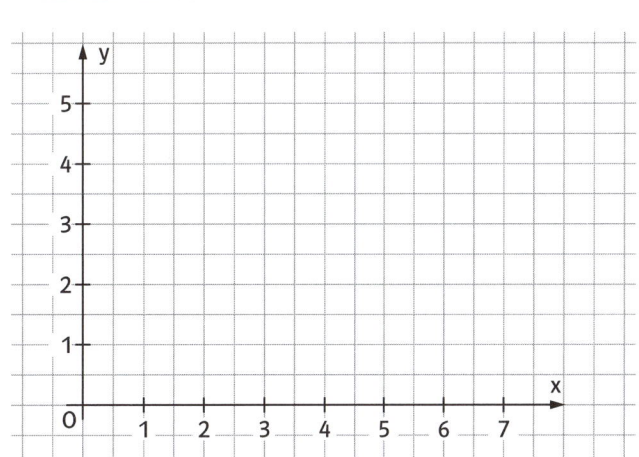

4 Zeichne im Koordinatensystem die Strecken $\overline{AB}$ und $\overline{BC}$. Die Koordinaten der Punkte sind: A(1|2), B(7|1) und C(6,5|4).
a) Gesucht sind die Punkte P_1 und P_2, die von $\overline{AB}$ und $\overline{BC}$ gleich weit entfernt sind. Außerdem soll die Entfernung zu C 2,5 Einheiten betragen. Wie lauten die

Koordinaten der Punkte? P_1(___ | ___) P_2(___ | ___)

b) Gibt es einen Punkt, der von der Strecke $\overline{BC}$ 2 Längeneinheiten und vom Punkt A 1,5 Längeneinheiten entfernt ist?

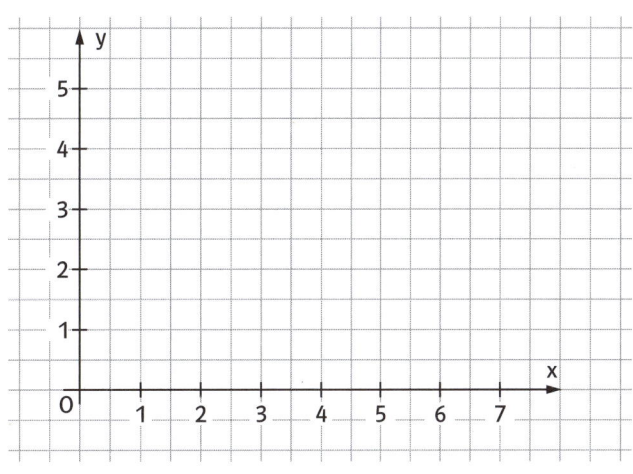

1 a) Zeichne alle Mittelsenkrechten ein.

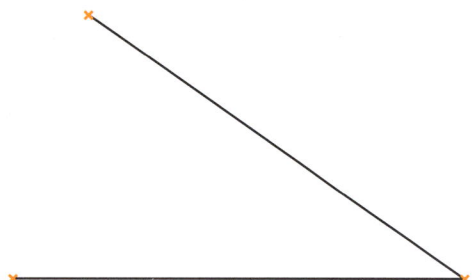

b) Zeichne alle Winkelhalbierenden ein.

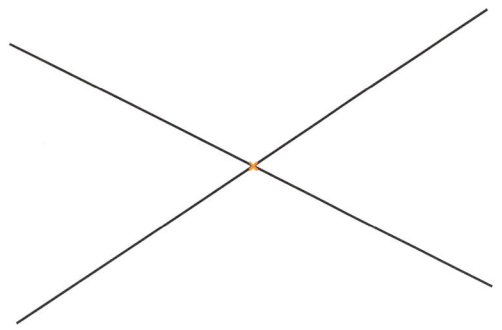

2 Gesucht ist der Punkt, der von der Strecke $\overline{AB}$ und der Strecke $\overline{BC}$ den gleichen Abstand hat sowie von den Punkten A und C gleich weit entfernt ist. Bestimme den gesuchten Punkt zeichnerisch.

C

×A   ×B

4 Zeichne die Winkelhalbierende zu dem Winkel ABC ein. Zeichne zu der Strecke $\overline{AC}$ die beiden möglichen Parallelen im Abstand von 4 cm. Markiere die Schnittpunkte der Parallelen mit der Winkelhalbierenden.

3 a) Markiere auf dem Kreisrand fünf beliebige Punkte und verbinde sie zu einem Fünfeck. Errichte nun auf den fünf Seiten jeweils die Mittelsenkrechte.

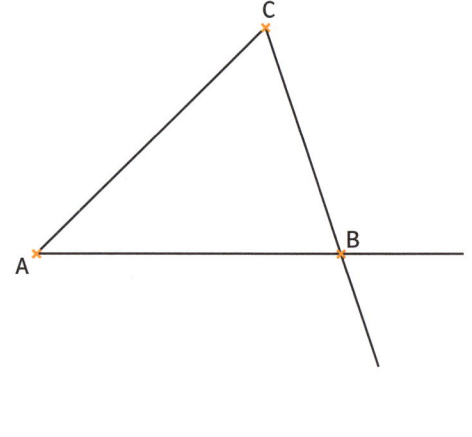

Dir ist sicher etwas aufgefallen: Alle Mittelsenkrechten schneiden sich in einem Punkt, nämlich dem

_____ des _____ .

b) Ob dies nur bei Vielecken so ist, deren Punkte auf einem Kreis liegen, kannst du herausfinden, indem du andere Vielecke in dein Heft zeichnest und die Mittelsenkrechten konstruierst. Bei anderen Viel-

ecken ergibt sich _____ gemeinsamer Schnittpunkt.

Welche Eigenschaften haben diese beiden Punkte? Kreuze an.

☐ Die Punkte sind gleich weit von den Punkten A und C entfernt und haben zur Strecke $\overline{AC}$ eine Entfernung von 4 cm.

☐ Die Punkte sind 4 cm von der Strecke $\overline{AC}$ entfernt und haben zu den Geraden $\overline{AB}$ und $\overline{BC}$ jeweils den gleichen Abstand.

☐ Die Punkte haben zu den Geraden $\overline{AB}$ und $\overline{BC}$ jeweils den gleichen Abstand und sind 8 cm voneinander entfernt.

1 a) Konstruiere den Umkreis des Dreiecks.

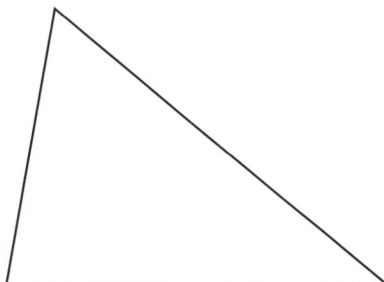

b) Konstruiere den Inkreis des Dreiecks.

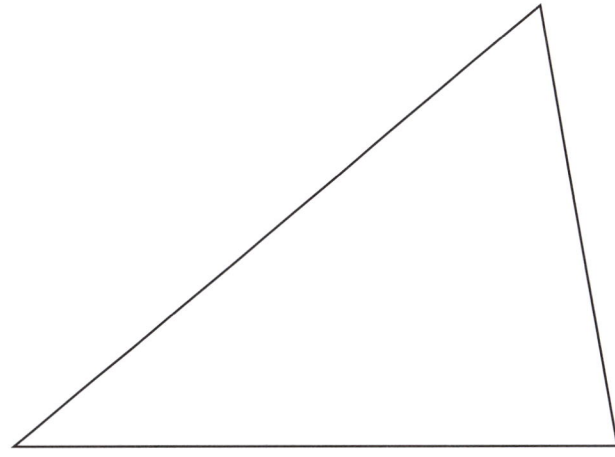

2 Zeichne in diese Armbanduhr den Minutenzeiger in der maximal möglichen Länge auf 12 Uhr ein.

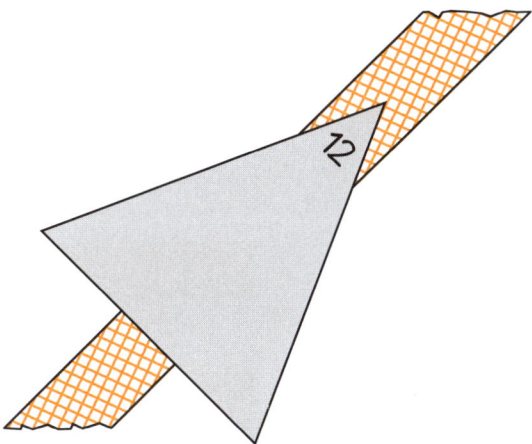

3 Konstruiere einen Kreis um den Menschen, der mindestens eine Fingerspitze der beiden Hände und eine Fußsohle berührt.

4 Zeichne das Dreieck mit A(2|1); B(6|1) und C(7|4). Konstruiere den Umkreis. Wo liegt der Mittelpunkt?

Der Kreismittelpunkt M liegt bei M(_____|_____).

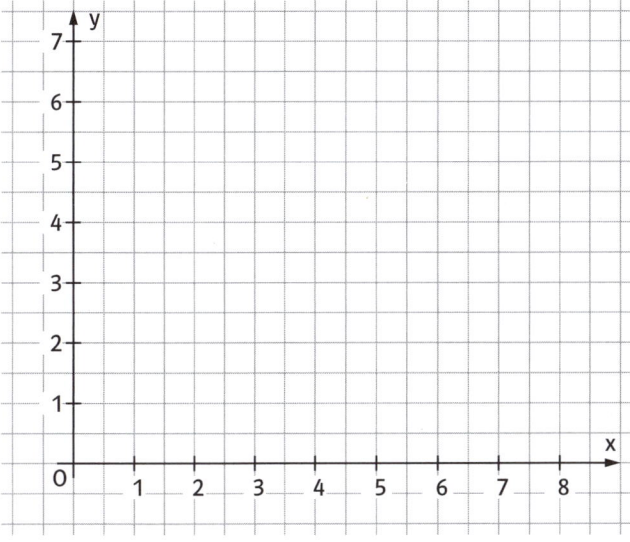

5 Ein dreieckiger Sandkasten soll vollständig mit einem Schirm überspannt werden. Welchen Durchmesser müsste der Schirm mindestens haben?

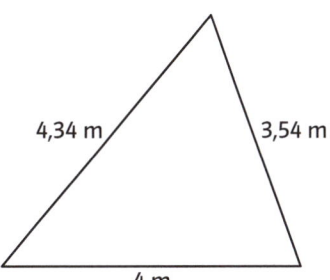

4,34 m   3,54 m

4 m

Der Durchmesser muss _____ m betragen.

Fülle die Lücken mit den Wörtern oder Zahlen auf den Zetteln. Trage die Buchstaben in der Reihenfolge der Lücken in den Lösungssatz ein.

■ **Basiswinkelsatz**
In einem gleichschenkligen Dreieck sind die beiden Basiswinkel gleich groß.
In einem gleichseitigen Dreieck betragen alle Winkel _____°.

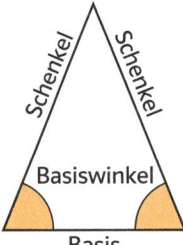

360	L

60	S

■ **Winkel in Schnittpunkten und Geraden**

Scheitelwinkel sind gleich groß. Nebenwinkel ergänzen sich zu _____°.

Stufenwinkel und Wechselwinkel an geschnittenen _____ sind gleich groß.

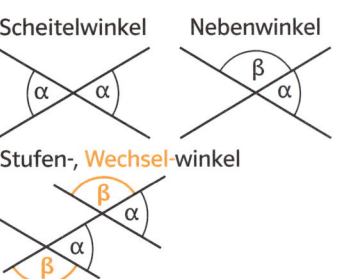

■ **Winkelsumme in Dreieck, Viereck und Vieleck**
In einem Dreieck beträgt die Summe der drei Innenwinkel 180°.

In jedem Viereck beträgt die Summe der Innenwinkel _____°.

Winkelsumme im Vieleck = (_____ der Ecken − 2) · 180°

Abstand	I

Parallelen	H

Schenkeln	F

■ **Mittelsenkrechte und Umkreis**
Jeder Punkt der Mittelsenkrechten einer Strecke hat den

gleichen _____ zu den Endpunkten der Strecke.
Der Mittelpunkt des Umkreises eines Dreiecks ist der Schnittpunkt M der Mittelsenkrechten der Seiten des Dreiecks.

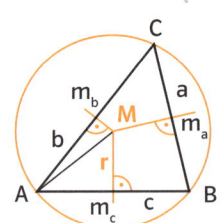

Anzahl	E

180	C

■ **Winkelhalbierende und Inkreis**
Jeder Punkt der Winkelhalbierenden eines Winkels hat

den gleichen Abstand zu den _____ des Winkels.
Der Mittelpunkt des Inkreises eines Dreiecks ist der Schnittpunkt W der Winkelhalbierenden der Winkel des Dreiecks.

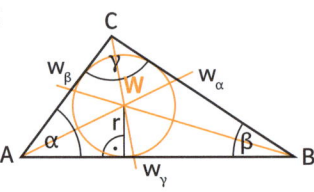

Lösungswort: W I N K E L _ _ _ _ _ _ E R

1 Markiere die folgenden Zahlen an der Zahlengeraden.

A: $\frac{4}{10}$; B: 24%; C: 0,08; D: 56%; E: $\frac{24}{50}$; F: 0,84

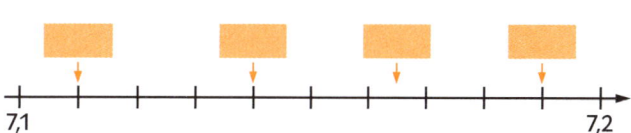

0   1

2 a) Beschrifte die Pfeile mit Dezimalbrüchen.

b) Markiere. $7\frac{15}{100}$ $\frac{716}{100}$ 7,18 7,125

7,1   7,2

3 Kürze die Brüche so weit wie möglich.

a) $\frac{20}{36}$ = _____

b) $\frac{30}{42}$ = _____

c) $\frac{12}{28}$ = _____

d) $\frac{36}{90}$ = _____

e) $\frac{24}{150}$ = _____

f) $\frac{77}{121}$ = _____

g) $\frac{39}{65}$ = _____

h) $\frac{59}{177}$ = _____

4 Ergänze die Zauberquadrate. Addiere.

a)

$\frac{4}{5}$		$\frac{2}{5}$
$\frac{3}{5}$		
$\frac{8}{5}$		

b)

$\frac{1}{3}$	$\frac{1}{8}$	
	$\frac{5}{24}$	
	$\frac{7}{24}$	

Magische Zahl: _____   Magische Zahl: _____

5 Addiere bzw. subtrahiere die Brüche.

a) $\frac{2}{5} + \frac{1}{2}$ = _____

b) $\frac{1}{2} - \frac{2}{6}$ = _____

c) $\frac{3}{4} + 1$ = _____

d) $\frac{1}{2} - \frac{2}{7}$ = _____

e) $1 + \frac{5}{2}$ = _____

f) $1 - \frac{7}{9}$ = _____

g) $\frac{7}{14} + 2$ = _____

h) $\frac{5}{8} - \frac{2}{4}$ = _____

i) $\frac{12}{9} - \frac{11}{12}$ = _____

j) $\frac{3}{6} - \frac{3}{8}$ = _____

k) $\frac{3}{2} + \frac{56}{54}$ = _____

l) $\frac{5}{7} - \frac{2}{8}$ = _____

6 Wähle die passenden Zahlen für die Lücken.

a) _____ + 5,21 + 4,79 = 12,5

b) 32,7 – 13,4 – _____ = 11,7

c) 5,8 + _____ –1,8 = 20

d) $\frac{1}{5}$ + _____ –0,2 = $\frac{5}{6}$

e) $\frac{2}{3} - \frac{1}{4}$ + _____ = $2\frac{1}{2}$

f) 35,3 – (_____ – 2,6) = 0

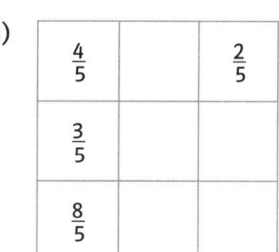

2,8   8,5   10,8 $\frac{5}{6}$ $\frac{25}{12}$ 7,6   2,5   37,9 $\frac{6}{5}$ $\frac{11}{6}$ 16

7 Runde auf die Einerstelle der angegebenen Einheit.

a) 23,8 kg   ≈ _____ kg

b) 67,8 m   ≈ _____ m

c) 3,51 s   ≈ _____ s

d) 2 496 g   ≈ _____ kg

e) 129 345 m ≈ _____ km

f) 853,99 g   ≈ _____ kg

g) 121 399 kg ≈ _____ t

h) 0,765 t   ≈ _____ kg

i) 123,89 dm ≈ _____ m

8 Auf ihrer Lieblingswiese fliegt eine Biene von Blume zu Blume. Die Flugbahn wird aus ihrer Blickrichtung beschrieben:

30° links (l); 6 m → 160° links (l); 7 m → 60° (r); 2 m → 135° (r); 5 m → 170° (l); 5 m → 130° (r); 1,5 m → 60° (r); 6 m.

1 cm in der Zeichnung entspricht 1 m auf der Wiese. Male alle Blumen, auf denen die Biene landet, bunt an.

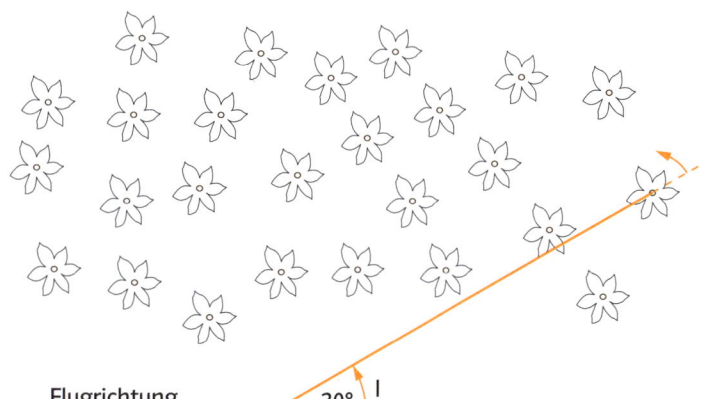

Flugrichtung

30°   l

Ausgangspunkt

9 Spiegle die Figur an der Achse.

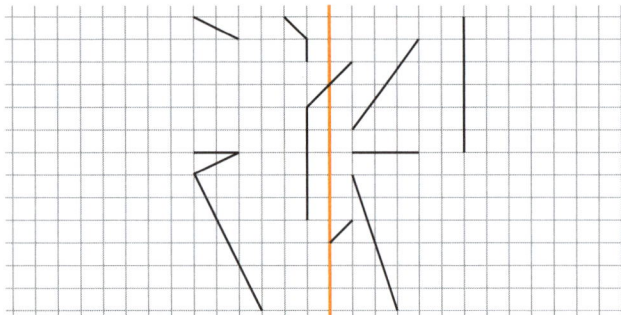

10 Ergänze zu drehsymmetrischen Figuren.

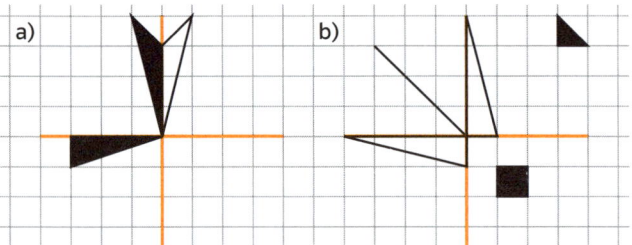

11 Bei einer Verschiebung wird der Punkt D in den Punkt D'(3,5|2) verschoben.
a) Verschiebe nun die ganze Figur.
b) Wie lauten die Koordinaten der Punkte und ihrer Bildpunkte?

Punkt	Bildpunkt
A(⬚ | ⬚)	A'(⬚ | ⬚)
B(⬚ | ⬚)	B'(⬚ | ⬚)
C(⬚ | ⬚)	C'(⬚ | ⬚)
D(⬚ | ⬚)	D'(3,5 | 2)

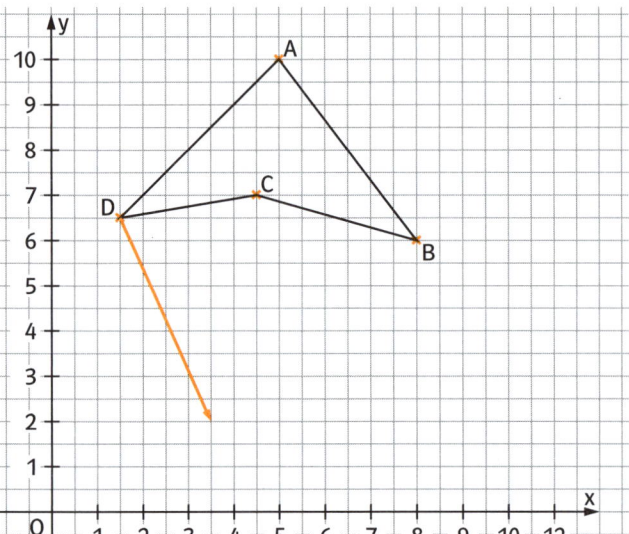

12 Überschlage das Ergebnis. Berechne dann genau.

a) Ü: _____

$43,8 \cdot 3,4 =$ _____

b) Ü: _____

$0,344 \cdot 5,867 =$ _____

13 Überschlage zuerst. Denke an die Kommaverschiebung.

a) Ü: _____

$55,3 : 7 =$ _____

b) Ü: _____

$15,25 : 6,1 =$ _____

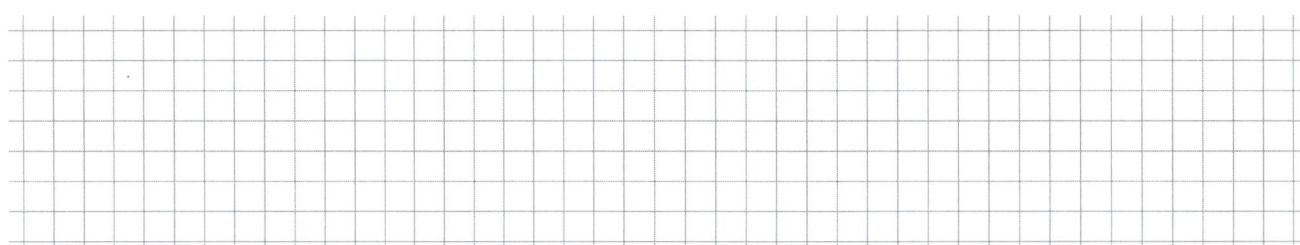

14 Ergänze.

a) $\frac{3}{4} : \blacksquare = \frac{3}{20}$

b) $\frac{16}{17} : 4 = \frac{\blacksquare}{17}$

c) $\blacksquare \cdot \frac{3}{17} = \frac{15}{17}$

d) $\frac{\blacksquare}{32} \cdot 5 = \frac{25}{32}$

e) $\frac{2}{9} : \blacksquare = \frac{2}{27}$

f) $7 \cdot \frac{4}{33} = \frac{\blacksquare}{33}$

15 Der Mittelwert der Zahlen soll 10 betragen. Wie muss die letzte Zahl heißen?

a) 4; 2; 12; 10; _____

b) 8; 15; 6; 11; 12; 18; _____

c) 27; 3; 12; 5; 8; 10; _____

d) 23; 6; 21; 11; 8; _____

16 Trage die Wahrscheinlichkeit für einen Gewinn (oranges Feld) jeweils unter dem Glücksrad ein.

a)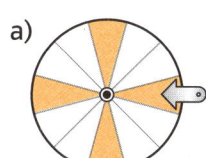

b)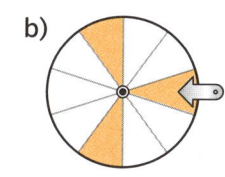

c)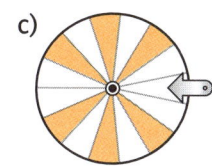

d) Ich würde das Glücksrad _____

drehen, da _____

_____

_____

17 Bestimme jeweils die Wahrscheinlichkeit, gib als gekürzten Bruch, als Dezimalbruch und in Prozent an.

Wahrscheinlichkeit	Bruch	Dezimalbruch	Prozent
a) eine schwarze Kugel zu ziehen			
b) eine gerade Zahl zu ziehen			
c) die Zahl Fünf zu ziehen			
d) eine ungerade Zahl zu ziehen			

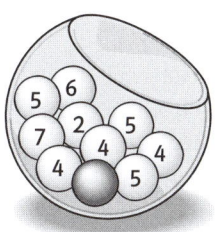

18 In Alex' Stall sind 5 schwarze und 10 weiße Kaninchen. Wie groß ist die Wahrscheinlichkeit, dass Alex beim „blinden" Hineingreifen

a) ein schwarzes Kaninchen zieht? _____

b) ein weißes Kaninchen erwischt? _____

c) zuerst ein weißes Kaninchen greift, das er auf dem Rasen laufen lässt, und beim zweiten Griff noch

ein weißes Kaninchen herausholt? _____

19 a) Die Winkelsumme im Viereck beträgt: _____

b) Bestimme die fehlenden Winkelgrößen.

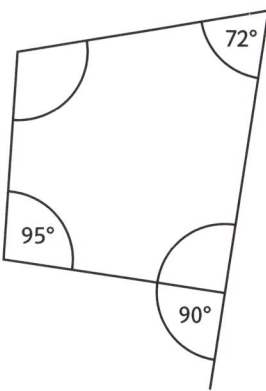 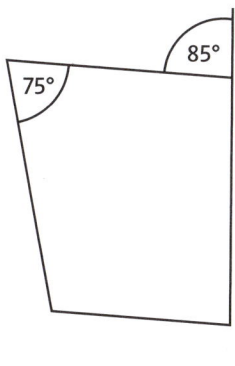

21 Bestimme alle fehlenden Winkel

α = _____

β = _____

γ = _____

δ = _____

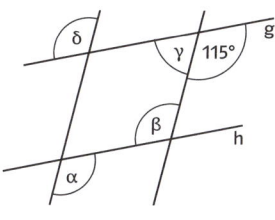

20 Konstruiere den Mittelpunkt des Flugzeugumkreises. Denke an den Umkreismittelpunkt eines Dreiecks.

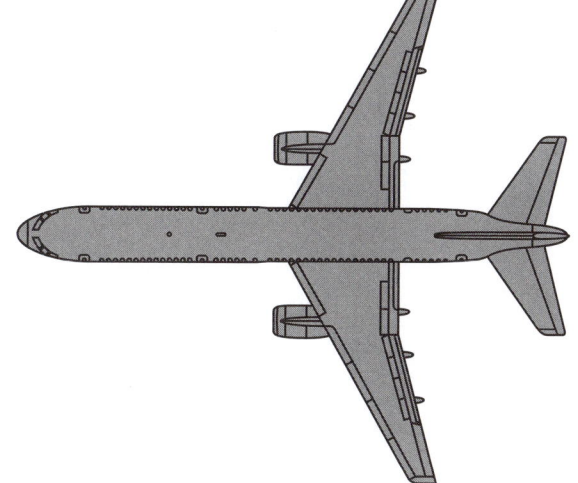

22 Berechne alle fehlenden Winkel und zeichne sie ein.

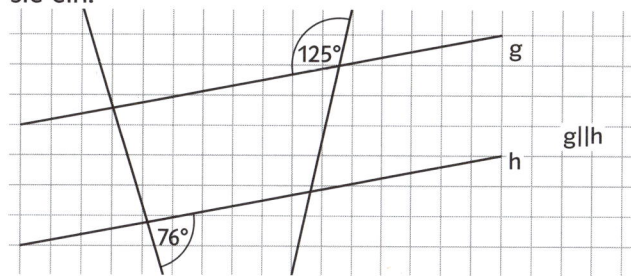

Register

Die Seitenangaben in Schwarz verweisen auf die Lerneinheit, die in Orange auf den Merkzettel.